ISBN 978-3-663-19834-5   ISBN 978-3-663-20169-4 (eBook)
DOI 10.1007/978-3-663-20169-4

A. Proportionaltafel für 10-tel (S. 1 bis 19).

Diff. =	2	3	4	5	6
1	0,2 ≈ 0	0,3 ≈ 0	0,4 ≈ 0	0,5 ≈ 1	0,6 ≈ 1
2	0,4 ≈ 0	0,6 ≈ 1	0,8 ≈ 1	1,0 ≈ 1	1,2 ≈ 1
3	0,6 ≈ 1	0,9 ≈ 1	1,2 ≈ 1	1,5 ≈ 2	1,8 ≈ 2
4	0,8 ≈ 1	1,2 ≈ 1	1,6 ≈ 2	2,0 ≈ 2	2,4 ≈ 2
5	1,0 ≈ 1	1,5 ≈ 2	2,0 ≈ 2	2,5 ≈ 3	3,0 ≈ 3
6	1,2 ≈ 1	1,8 ≈ 2	2,4 ≈ 2	3,0 ≈ 3	3,6 ≈ 4
7	1,4 ≈ 1	2,1 ≈ 2	2,8 ≈ 3	3,5 ≈ 4	4,2 ≈ 4
8	1,6 ≈ 2	2,4 ≈ 2	3,2 ≈ 3	4,0 ≈ 4	4,8 ≈ 5
9	1,8 ≈ 2	2,7 ≈ 3	3,6 ≈ 4	4,5 ≈ 5	5,4 ≈ 5

B. Proportionaltafel für 60-tel, ° und ' bzw. ' und " (S. 20 bis 68).

Diff.=	2	3	4	5	6	7	8	9	10	11	12	13	14	15	16	17	18	19	20
1	0,0	0,0	0,1	0,1	0,1	0,1	0,1	0,2	0,2	0,2	0,2	0,2	0,2	0,2	0,3	0,3	0,3	0,3	0,3
2	0,1	0,1	0,1	0,2	0,2	0,2	0,3	0,3	0,3	0,4	0,4	0,4	0,5	0,5	0,5	0,6	0,6	0,6	0,7
3	0,1	0,2	0,2	0,2	0,3	0,4	0,4	0,4	0,5	0,6	0,6	0,6	0,7	0,8	0,8	0,8	0,9	1,0	1,0
4	0,1	0,2	0,3	0,3	0,4	0,5	0,5	0,6	0,7	0,7	0,8	0,9	0,9	1,0	1,1	1,1	1,2	1,3	1,3
5	0,2	0,2	0,3	0,4	0,5	0,6	0,7	0,8	0,8	0,9	1,0	1,1	1,2	1,2	1,3	1,4	1,5	1,6	1,7
6	0,2	0,3	0,4	0,5	0,6	0,7	0,8	0,9	1,0	1,1	1,2	1,3	1,4	1,5	1,6	1,7	1,8	1,9	2,0
7	0,2	0,4	0,5	0,6	0,7	0,8	0,9	1,0	1,2	1,3	1,4	1,5	1,6	1,8	1,9	2,0	2,1	2,2	2,3
8	0,3	0,4	0,5	0,7	0,8	0,9	1,1	1,2	1,3	1,5	1,6	1,7	1,9	2,0	2,1	2,3	2,4	2,5	2,7
9	0,3	0,4	0,6	0,8	0,9	1,0	1,2	1,4	1,5	1,6	1,8	2,0	2,1	2,2	2,4	2,6	2,7	2,8	3,0
10	0,3	0,5	0,7	0,8	1,0	1,2	1,3	1,5	1,7	1,8	2,0	2,2	2,3	2,5	2,7	2,8	3,0	3,2	3,3
20	0,7	1,0	1,3	1,7	2,0	2,3	2,7	3,0	3,3	3,7	4,0	4,3	4,7	5,0	5,3	5,7	6,0	6,3	6,7
30	1,0	1,5	2,0	2,5	3,0	3,5	4,0	4,5	5,0	5,5	6,0	6,5	7,0	7,5	8,0	8,5	9,0	9,5	10,0
40	1,3	2,0	2,7	3,3	4,0	4,7	5,3	6,0	6,7	7,3	8,0	8,7	9,3	10,0	10,7	11,3	12,0	12,7	13,3
50	1,7	2,5	3,3	4,2	5,0	5,8	6,7	7,5	8,3	9,2	10,0	10,8	11,7	12,5	13,3	14,2	15,0	15,8	16,7

═ Zur Berücksichtigung. ═

a) Bei den Logarithmen der Zahlen (S. 1 bis 19) ist die letzte Ziffer rechts unterstrichen, wenn die weggelassene fünfte Ziffer 5 oder mehr als 5 beträgt.

b) Die Logarithmen der goniometrischen Funktionen, welche nicht 0, sondern die ganzen Zahlen 4 bis 9 als Kennziffer haben, sind um 10 zu verkleinern.

c) Auf S. 78 steht mehrfach $\overline{1}$ an Stelle der negativen Einheit.

═ Angaben für den Ort .... ═

Geographische Breite . . . . = .. °..'.." [1" = ... m]
Östliche Länge von Greenw. . = .. °..'.." [1" = ... m]
Höhe über dem Meere (N.-N.) = ... m

I. Log **1** bis **99**.

N	L	N	L	N	L	N	L	N	L
		20	1,30 10	40	1,60 2$\underline{1}$	60	1,77 8$\underline{2}$	80	1,90 3$\underline{1}$
1	0,00 00	21	32 22	41	61 2$\underline{8}$	61	78 53	81	90 8$\underline{5}$
2	30 10	22	34 24	42	62 32	62	79 2$\underline{4}$	82	91 38
3	47 71	23	36 17	43	63 3$\underline{5}$	63	79 93	83	91 9$\underline{1}$
4	60 2$\underline{1}$	24	38 02	44	64 3$\underline{5}$	64	80 6$\underline{2}$	84	92 4$\underline{3}$
5	0,69 90	25	1,39 79	45	1,65 32	65	1,81 29	85	1,92 94
6	77 8$\underline{2}$	26	41 5$\underline{0}$	46	66 2$\underline{8}$	66	81 95	86	93 4$\underline{5}$
7	84 5$\underline{1}$	27	43 1$\underline{4}$	47	67 2$\underline{1}$	67	82 6$\underline{1}$	87	93 95
8	90 3$\underline{1}$	28	44 72	48	68 12	68	83 25	88	94 4$\underline{5}$
9	95 42	29	46 2$\underline{4}$	49	69 02	69	83 88	89	94 94
10	1,00 00	30	1,47 71	50	1,69 90	70	1,84 5$\underline{1}$	90	1,95 42
11	04 1$\underline{4}$	31	49 1$\underline{4}$	51	70 7$\underline{6}$	71	85 13	91	95 90
12	07 9$\underline{2}$	32	50 51	52	71 60	72	85 73	92	96 3$\underline{8}$
13	11 39	33	51 85	53	72 4$\underline{3}$	73	86 33	93	96 8$\underline{5}$
14	14 61	34	53 1$\underline{5}$	54	73 2$\underline{4}$	74	86 92	94	97 31
15	1,17 6$\underline{1}$	35	1.54 41	55	1,74 0$\underline{4}$	75	1,87 5$\underline{1}$	95	1,97 77
16	20 41	36	55 63	56	74 8$\underline{2}$	76	88 08	96	98 2$\underline{3}$
17	23 04	37	56 82	57	75 5$\underline{9}$	77	88 6$\underline{5}$	97	98 6$\underline{8}$
18	25 5$\underline{3}$	38	57 98	58	76 34	78	89 2$\underline{1}$	98	99 12
19	27 8$\underline{8}$	39	59 1$\underline{1}$	59	77 0$\underline{9}$	79	89 76	99	99 56

Treutlein, Logarithmen.

I. Log **100** bis **150**.

N	0	1 2 3 4	5	6 7 8 9
100	00 00	04 09 13 17	22	26 30 35 39
101	43	48 52 56 60	65	69 73 77 82
102	86	90 95 99 03	07	11 16 20 24
103	01 28	33 37 41 45	49	54 58 62 66
104	70	75 79 83 87	91	95 99 04 08
105	02 12	16 20 24 28	33	37 41 45 49
106	53	57 61 65 69	73	78 82 86 90
107	94	98 02 06 10	14	18 22 26 30
108	03 34	38 42 46 50	54	58 62 66 70
109	74	78 82 86 90	94	98 02 06 10
110	04 14	18 22 26 30	34	38 41 45 49
111	53	57 61 65 69	73	77 81 84 88
112	92	96 00 04 08	12	15 19 23 27
113	05 31	35 38 42 46	50	54 58 61 65
114	69	73 77 80 84	88	92 96 99 03
115	06 07	11 15 18 22	26	30 33 37 41
116	45	48 52 56 60	63	67 71 74 78
117	82	86 89 93 97	00	04 08 11 15
118	07 19	22 26 30 34	37	41 45 48 52
119	55	59 63 66 70	74	77 81 85 88
120	07 92	95 99 03 06	10	13 17 21 24
121	08 28	31 35 39 42	46	49 53 56 60
122	64	67 71 74 78	81	85 88 92 96
123	99	03 06 10 13	17	20 24 27 31
124	09 34	38 41 45 48	52	55 59 62 66
125	09 69	73 76 80 83	86	90 93 97 00

N	0	1 2 3 4	5	6 7 8 9
125	09 69	73 76 80 83	86	90 93 97 00
126	10 04	07 11 14 17	21	24 28 31 35
127	38	41 45 48 52	55	59 62 65 69
128	72	75 79 82 86	89	92 96 99 03
129	11 06	09 13 16 19	23	26 29 33 36
130	11 39	43 46 49 53	56	59 63 66 69
131	73	76 79 83 86	89	93 96 99 02
132	12 06	09 12 16 19	22	25 29 32 35
133	39	42 45 48 52	55	58 61 65 68
134	71	74 78 81 84	87	90 94 97 00
135	13 03	07 10 13 16	19	23 26 29 32
136	35	39 42 45 48	51	55 58 61 64
137	67	70 74 77 80	83	86 89 92 96
138	99	02 05 08 11	14	18 21 24 27
139	14 30	33 36 40 43	46	49 52 55 58
140	14 61	64 67 71 74	77	80 83 86 89
141	92	95 98 01 04	08	11 14 17 20
142	15 23	26 29 32 35	38	41 44 47 50
143	53	56 59 62 65	69	72 75 78 81
144	84	87 90 93 96	99	02 05 08 11
145	16 14	17 20 23 26	29	32 35 38 41
146	44	47 49 52 55	58	61 64 67 70
147	73	76 79 82 85	88	91 94 97 00
148	17 03	06 08 11 14	17	20 23 26 29
149	32	35 38 41 44	46	49 52 55 58
150	17 61	64 67 70 72	75	78 81 84 87

I. Log **150** bis **200**.

N	0	1	2	3	4	5	6	7	8	9
150	17 61	64	67	70	72	75	78	81	84	87
151	90	93	96	98	01	04	07	10	13	16
152	18 18	21	24	27	30	33	36	38	41	44
153	47	50	53	55	58	61	64	67	70	72
154	75	78	81	84	86	89	92	95	98	01
155	19 03	06	09	12	15	17	20	23	26	28
156	31	34	37	40	42	45	48	51	53	56
157	59	62	65	67	70	73	76	78	81	84
158	87	89	92	95	98	00	03	06	09	11
159	20 14	17	19	22	25	28	30	33	36	38
160	20 41	44	47	49	52	55	57	60	63	66
161	68	71	74	76	79	82	84	87	90	92
162	95	98	01	03	06	09	11	14	17	19
163	21 22	25	27	30	33	35	38	40	43	46
164	48	51	54	56	59	62	64	67	70	72
165	21 75	77	80	83	85	88	91	93	96	98
166	22 01	04	06	09	12	14	17	19	22	25
167	27	30	32	35	38	40	43	45	48	51
168	53	56	58	61	63	66	69	71	74	76
169	79	81	84	87	89	92	94	97	99	02
170	23 04	07	10	12	15	17	20	22	25	27
171	30	33	35	38	40	43	45	48	50	53
172	55	58	60	63	65	68	70	73	75	78
173	80	83	85	88	90	93	95	98	00	03
174	24 05	08	10	13	15	18	20	23	25	28
175	24 30	33	35	38	40	43	45	48	50	53

N	0	1	2	3	4	5	6	7	8	9
175	24 30	33	35	38	40	43	45	48	50	53
176	55	58	60	63	65	67	70	72	75	77
177	80	82	85	87	90	92	94	97	99	02
178	25 04	07	09	12	14	16	19	21	24	26
179	29	31	33	36	38	41	43	45	48	50
180	25 53	55	58	60	62	65	67	70	72	74
181	77	79	82	84	86	89	91	94	96	98
182	26 01	03	05	08	10	13	15	17	20	22
183	25	27	29	32	34	36	39	41	43	46
184	48	51	53	55	58	60	62	65	67	69
185	26 72	74	76	79	81	83	86	88	90	93
186	95	97	00	02	04	07	09	11	14	16
187	27 18	21	23	25	28	30	32	35	37	39
188	42	44	46	49	51	53	55	58	60	62
189	65	67	69	72	74	76	78	81	83	85
190	27 88	90	92	94	97	99	01	04	06	08
191	28 10	13	15	17	19	22	24	26	28	31
192	33	35	38	40	42	44	47	49	51	53
193	56	58	60	62	65	67	69	71	74	76
194	78	80	82	85	87	89	91	94	96	98
195	29 00	03	05	07	09	11	14	16	18	20
196	23	25	27	29	31	34	36	38	40	42
197	45	47	49	51	53	56	58	60	62	64
198	67	69	71	73	75	78	80	82	84	86
199	89	91	93	95	97	99	02	04	06	08
200	30 10	12	15	17	19	21	23	25	28	30

I. Log **200** bis **250**.

N	0	1	2	3	4	5	6	7	8	9
200	30 10	12	15	17	19	21	23	25	28	30
201	32	34	36	38	41	43	45	47	49	51
202	54	56	58	60	62	64	66	69	71	73
203	75	77	79	81	84	86	88	90	92	94
204	96	98	01	03	05	07	09	11	13	15
205	31 18	20	22	24	26	28	30	32	34	37
206	39	41	43	45	47	49	51	53	56	58
207	60	62	64	66	68	70	72	74	76	79
208	81	83	85	87	89	91	93	95	97	99
209	32 01	04	06	08	10	12	14	16	18	20
210	32 22	24	26	28	30	33	35	37	39	41
211	43	45	47	49	51	53	55	57	59	61
212	63	65	67	69	72	74	76	78	80	82
213	84	86	88	90	92	94	96	98	00	02
214	33 04	06	08	10	12	14	16	18	20	22
215	33 24	26	28	30	32	34	36	39	41	43
216	45	47	49	51	53	55	57	59	61	63
217	65	67	69	71	73	75	77	79	81	83
218	85	87	89	91	93	95	97	98	00	02
219	34 04	06	08	10	12	14	16	18	20	22
220	34 24	26	28	30	32	34	36	38	40	42
221	44	46	48	50	52	54	56	58	60	62
222	64	65	67	69	71	73	75	77	79	81
223	83	85	87	90	91	93	95	97	99	01
224	35 02	04	06	08	10	12	14	16	18	20
225	35 22	24	26	28	30	31	33	35	37	39

N	0	1	2	3	4	5	6	7	8	9
225	35 22	24	26	28	30	31	33	35	37	39
226	41	43	45	47	49	51	53	55	56	58
227	60	62	64	66	68	70	72	74	76	77
228	79	81	83	85	87	89	91	93	95	96
229	98	00	02	04	06	08	10	12	14	15
230	36 17	19	21	23	25	27	29	30	32	34
231	36	38	40	42	44	46	47	49	51	53
232	55	57	59	60	62	64	66	68	70	72
233	74	75	77	79	81	83	85	87	88	90
234	92	94	96	98	00	01	03	05	07	09
235	37 11	13	14	16	18	20	22	24	25	27
236	29	31	33	35	36	38	40	42	44	46
237	47	49	51	53	55	57	58	60	62	64
238	66	68	69	71	73	75	77	79	80	82
239	84	86	88	89	91	93	95	97	98	00
240	38 02	04	06	08	09	11	13	15	17	18
241	20	22	24	26	27	29	31	33	35	36
242	38	40	42	44	45	47	49	51	52	54
243	56	58	60	61	63	65	67	69	70	72
244	74	76	77	79	81	83	85	86	88	90
245	38 92	93	95	97	99	01	02	04	06	08
246	39 09	11	13	15	16	18	20	22	23	25
247	27	29	30	32	34	36	38	39	41	43
248	45	46	48	50	52	53	55	57	59	60
249	62	64	65	67	69	71	72	74	76	78
250	39 79	81	83	85	86	88	90	92	93	95

I. Log **250** bis **300**.

N	0	1	2	3	4	5	6	7	8	9
250	39 79	81	83	85	86	88	90	92	93	95
251	97	98	00	02	04	05	07	09	11	12
252	40 14	16	17	19	21	23	24	26	28	29
253	31	33	35	36	38	40	41	43	45	47
254	48	50	52	53	55	57	59	60	62	64
255	40 65	67	69	71	72	74	76	77	79	81
256	82	84	86	87	89	91	93	94	96	98
257	99	01	03	04	06	08	09	11	13	15
258	41 16	18	20	21	23	25	26	28	30	31
259	33	35	36	38	40	41	43	45	46	48
260	41 50	51	53	55	56	58	60	61	63	65
261	66	68	70	71	73	75	76	78	80	81
262	83	85	86	88	90	91	93	95	96	98
263	42 00	01	03	05	06	08	09	11	13	14
264	16	18	19	21	23	24	26	28	29	31
265	42 32	34	36	37	39	41	42	44	46	47
266	49	50	52	54	55	57	59	60	62	63
267	65	67	68	70	72	73	75	76	78	80
268	81	83	85	86	88	89	91	93	94	96
269	98	99	01	02	04	06	07	09	10	12
270	43 14	15	17	18	20	22	23	25	26	28
271	30	31	33	34	36	38	39	41	42	44
272	46	47	49	50	52	54	55	57	58	60
273	62	63	65	66	68	70	71	73	74	76
274	78	79	81	82	84	85	87	89	90	92
275	43 93	95	96	98	00	01	03	04	06	08

N	0	1	2	3	4	5	6	7	8	9
275	43 93	95	96	98	00	01	03	04	06	08
276	44 09	11	12	14	15	17	19	20	22	23
277	25	26	28	29	31	33	34	36	37	39
278	40	42	44	45	47	48	50	51	53	54
279	56	58	59	61	62	64	65	67	68	70
280	44 72	73	75	76	78	79	81	82	84	86
281	87	89	90	92	93	95	96	98	99	01
282	45 02	04	06	07	09	10	12	13	15	16
283	18	19	21	22	24	26	27	29	30	32
284	33	35	36	38	39	41	42	44	45	47
285	45 48	50	51	53	55	56	58	59	61	62
286	64	65	67	68	70	71	73	74	76	77
287	79	80	82	83	85	86	88	89	91	92
288	94	95	97	98	00	01	03	04	06	07
289	46 09	10	12	13	15	16	18	19	21	22
290	46 24	25	27	28	30	31	33	34	36	37
291	39	40	42	43	45	46	48	49	51	52
292	54	55	57	58	60	61	63	64	66	67
293	69	70	72	73	75	76	78	79	81	82
294	83	85	86	88	89	91	92	94	95	97
295	46 98	00	01	03	04	06	07	09	10	11
296	47 13	14	16	17	19	20	22	23	25	26
297	28	29	30	32	33	35	36	38	39	41
298	42	44	45	47	48	49	51	52	54	55
299	57	58	60	61	63	64	65	67	68	70
300	47 71	73	74	76	77	78	80	81	83	84

I. Log 300 bis 350.

N	0	1	2	3	4	5	6	7	8	9
300	47 71	73	74	76	77	78	80	81	83	84
301	86	87	89	90	91	93	94	96	97	99
302	48 00	02	03	04	06	07	09	10	12	13
303	14	16	17	19	20	22	23	24	26	27
304	29	30	32	33	34	36	37	39	40	42
305	48 43	44	46	47	49	50	52	53	54	56
306	57	59	60	61	63	64	66	67	69	70
307	71	73	74	76	77	78	80	81	83	84
308	86	87	89	90	91	93	94	95	97	98
309	49 00	01	02	04	05	07	08	09	11	12
310	49 14	15	16	18	19	21	22	23	25	26
311	28	29	30	32	33	35	36	37	39	40
312	42	43	44	46	47	49	50	51	53	54
313	55	57	58	60	61	62	64	65	67	68
314	69	71	72	73	75	76	78	79	80	82
315	49 83	84	86	87	89	90	91	93	94	95
316	97	98	00	01	02	04	05	06	08	09
317	50 11	12	13	15	16	17	19	20	22	23
318	24	26	27	28	30	31	32	34	35	37
319	38	39	41	42	43	45	46	47	49	50
320	50 51	53	54	56	57	58	60	61	62	64
321	65	66	68	69	70	72	73	75	76	77
322	79	80	81	83	84	85	87	88	89	91
323	92	93	95	96	97	99	00	01	03	04
324	51 05	07	08	09	11	12	13	15	16	17
325	51 19	20	22	23	24	26	27	28	30	31

N	0	1	2	3	4	5	6	7	8	9
325	51 19	20	22	23	24	26	27	28	30	31
326	32	34	35	36	38	39	40	41	43	44
327	45	47	48	49	51	52	53	55	56	57
328	59	60	61	63	64	65	67	68	69	71
329	72	73	75	76	77	79	80	81	83	84
330	51 85	86	88	89	90	92	93	94	96	97
331	98	00	01	02	04	05	06	07	09	10
332	52 11	13	14	15	17	18	19	21	22	23
333	24	26	27	28	30	31	32	34	35	36
334	37	39	40	41	43	44	45	47	48	49
335	52 50	52	53	54	56	57	58	60	61	62
336	63	65	66	67	69	70	71	72	74	75
337	76	78	79	80	81	83	84	85	87	88
338	89	90	92	93	94	96	97	98	99	01
339	53 02	03	05	06	07	08	10	11	12	14
340	53 15	16	17	19	20	21	22	24	25	26
341	28	29	30	31	33	34	35	36	38	39
342	40	42	43	44	45	47	48	49	50	52
343	53	54	55	57	58	59	61	62	63	64
344	66	67	68	69	71	72	73	74	76	77
345	53 78	79	81	82	83	84	86	87	88	90
346	91	92	93	95	96	97	98	00	01	02
347	54 03	05	06	07	08	10	11	12	13	15
348	16	17	18	20	21	22	23	25	26	27
349	28	29	31	32	33	34	36	37	38	39
350	54 41	42	43	44	46	47	48	49	51	52

I. Log **350** bis **400**.

N	0	1	2	3	4	5	6	7	8	9
350	54 41	42	43	44	46	47	48	49	51	52
351	53	54	56	57	58	59	60	62	63	64
352	65	67	68	69	70	72	73	74	75	77
353	78	79	80	81	83	84	85	86	88	89
354	90	91	92	94	95	96	97	99	00	01
355	55 02	04	05	06	07	08	10	11	12	13
356	14	16	17	18	19	21	22	23	24	25
357	· 27	28	29	30	32	33	34	35	36	38
358	39	40	41	42	44	45	46	47	49	50
359	51	52	53	55	56	57	58	59	61	62
360	55 63	64	65	67	68	69	70	71	73	74
361	75	76	77	79	80	81	82	83	85	86
362	87	88	89	91	92	93	94	95	97	98
363	99	00	01	03	04	05	06	07	09	10
364	56 11	12	13	15	16	17	18	19	21	22
365	56 23	24	25	26	28	29	30	31	33	34
366	35	36	37	38	40	41	42	43	44	45
367	47	48	49	50	51	53	54	55	56	57
368	58	60	61	62	63	64	66	67	68	69
369	70	71	73	74	75	76	77	78	80	81
370	56 82	83	84	86	87	88	89	90	91	93
371	94	95	96	97	98	00	01	02	03	04
372	57 05	07	08	09	10	11	12	14	15	16
373	17	18	19	21	22	23	24	25	26	28
374	29	30	31	32	33	35	36	37	38	39
375	57 40	41	43	44	45	46	47	48	50	51
376	52	53	54	55	56	58	59	60	61	62
377	63	65	66	67	68	69	70	71	73	74
378	75	76	77	78	80	81	82	83	84	85
379	86	88	89	90	91	92	93	94	96	97
380	57 98	99	00	01	02	04	05	06	07	08
381	58 09	10	12	13	14	15	16	17	18	19
382	21	22	23	24	25	26	27	29	30	31
383	32	33	34	35	37	38	39	40	41	42
384	43	44	46	47	48	49	50	51	52	53
385	58 55	56	57	58	59	60	61	62	64	65
386	66	67	68	69	70	71	73	74	75	76
387	77	78	79	80	82	83	84	85	86	87
388	88	89	91	92	93	94	95	96	97	98
389	99	01	02	03	04	05	06	07	08	10
390	59 11	12	13	14	15	16	17	18	20	21
391	22	23	24	25	26	27	28	30	31	32
392	33	34	35	36	37	38	40	41	42	43
393	44	45	46	47	48	49	51	52	53	54
394	55	56	57	58	59	60	62	63	64	65
395	59 66	67	68	69	70	71	73	74	75	76
396	77	78	79	80	81	82	84	85	86	87
397	88	89	90	91	92	93	94	96	97	98
398	99	00	01	02	03	04	05	06	08	09
399	60 10	11	12	13	14	15	16	17	18	20
400	60 21	22	23	24	25	26	27	28	29	30

I. Log **400** bis **450**.

N	0	1	2	3	4	5	6	7	8	9
400	60 21	22	23	24	25	26	27	28	29	30
401	31	33	34	35	36	37	38	39	40	41
402	42	43	44	46	47	48	49	50	51	52
403	53	54	55	56	57	58	60	61	62	63
404	64	65	66	67	68	69	70	71	72	73
405	60 75	76	77	78	79	80	81	82	83	84
406	85	86	87	88	90	91	92	93	94	95
407	96	97	98	99	00	01	02	03	04	06
408	61 07	08	09	10	11	12	13	14	15	16
409	17	18	19	20	21	23	24	25	26	27
410	61 28	29	30	31	32	33	34	35	36	37
411	38	39	41	42	43	44	45	46	47	48
412	49	50	51	52	53	54	55	56	57	58
413	60	61	62	63	64	65	66	67	68	69
414	70	71	72	73	74	75	76	77	78	79
415	61 80	82	83	84	85	86	87	88	89	90
416	91	92	93	94	95	96	97	98	99	00
417	62 01	02	03	04	06	07	08	09	10	11
418	12	13	14	15	16	17	18	19	20	21
419	22	23	24	25	26	27	28	29	30	31
420	62 32	34	35	36	37	38	39	40	41	42
421	43	44	45	46	47	48	49	50	51	52
422	53	54	55	56	57	58	59	60	61	62
423	63	64	65	66	68	69	70	71	72	73
424	74	75	76	77	78	79	80	81	82	83
425	62 84	85	86	87	88	89	90	91	92	93

N	0	1	2	3	4	5	6	7	8	9
425	62 84	85	86	87	88	89	90	91	92	93
426	94	95	96	97	98	99	00	01	02	03
427	63 04	05	06	07	08	09	10	11	12	13
428	14	15	16	17	18	20	21	22	23	24
429	25	26	27	28	29	30	31	32	33	34
430	63 35	36	37	38	39	40	41	42	43	44
431	45	46	47	48	49	50	51	52	53	54
432	55	56	57	58	59	60	61	62	63	64
433	65	66	67	68	69	70	71	72	73	74
434	75	76	77	78	79	80	81	82	83	84
435	63 85	86	87	88	89	90	91	92	93	94
436	95	96	97	98	99	00	01	02	03	04
437	64 05	06	07	08	09	10	11	12	13	14
438	15	16	17	18	19	20	21	22	23	24
439	25	26	27	28	29	30	31	32	33	34
440	64 35	36	37	37	38	39	40	41	42	43
441	44	45	46	47	48	49	50	51	52	53
442	54	55	56	57	58	59	60	61	62	63
443	64	65	66	67	68	69	70	71	72	73
444	74	75	76	77	78	79	80	81	82	83
445	64 84	85	86	87	88	88	89	90	91	92
446	93	94	95	96	97	98	99	00	01	02
447	65 03	04	05	06	07	08	09	10	11	12
448	13	14	15	16	17	18	19	20	21	21
449	22	23	24	25	26	27	28	29	30	31
450	65 32	33	34	35	36	37	38	39	40	41

| N | 0 | 1 | 2 | 3 | 4 | 5 | 6 | 7 | 8 | 9 |

I. Log **450** bis **500**.

N	0	1	2	3	4	5	6	7	8	9
450	65 32	33	34	35	36	37	38	39	40	41
451	42	43	44	45	46	47	48	49	49	50
452	51	52	53	54	55	56	57	58	59	60
453	61	62	63	64	65	66	67	68	69	70
454	71	72	72	73	74	75	76	77	78	79
455	65 80	81	82	83	84	85	86	87	88	89
456	90	91	92	93	93	94	95	96	97	98
457	99	00	01	02	03	04	05	06	07	08
458	66 09	10	11	11	12	13	14	15	16	17
459	18	19	20	21	22	23	24	25	26	27
460	66 28	29	29	30	31	32	33	34	35	36
461	37	38	39	40	41	42	43	44	45	45
462	46	47	48	49	50	51	52	53	54	55
463	56	57	58	59	60	60	61	62	63	64
464	65	66	67	68	69	70	71	72	73	74
465	66 75	75	76	77	78	79	80	81	82	83
466	84	85	86	87	88	89	89	90	91	92
467	93	94	95	96	97	98	99	00	01	02
468	67 02	03	04	05	06	07	08	09	10	11
469	12	13	14	15	15	16	17	18	19	20
470	67 21	22	23	24	25	26	27	27	28	29
471	30	31	32	33	34	35	36	37	38	38
472	39	40	41	42	43	44	45	46	47	48
473	49	50	50	51	52	53	54	55	56	57
474	58	59	60	61	61	62	63	64	65	66
475	67 67	68	69	70	71	72	72	73	74	75
475	67 67	68	69	70	71	72	72	73	74	75
476	76	77	78	79	80	81	82	82	83	84
477	85	86	87	88	89	90	91	92	92	93
478	94	95	96	97	98	99	00	01	02	02
479	68 03	04	05	06	07	08	09	10	11	12
480	68 12	13	14	15	16	17	18	19	20	21
481	21	22	23	24	25	26	27	28	29	30
482	30	31	32	33	34	35	36	37	38	39
483	39	40	41	42	43	44	45	46	47	48
484	48	49	50	51	52	53	54	55	56	57
485	68 57	58	59	60	61	62	63	64	65	65
486	66	67	68	69	70	71	72	73	74	74
487	75	76	77	78	79	80	81	82	82	83
488	84	85	86	87	88	89	90	90	91	92
489	93	94	95	96	97	98	98	99	00	01
490	69 02	03	04	05	06	06	07	08	09	10
491	11	12	13	13	14	15	16	17	18	19
492	20	21	21	22	23	24	25	26	27	28
493	28	29	30	31	32	33	34	35	36	36
494	37	38	39	40	41	42	43	43	44	45
495	69 46	47	48	49	50	50	51	52	53	54
496	55	56	57	57	58	59	60	61	62	63
497	64	64	65	66	67	68	69	70	71	71
498	72	73	74	75	76	77	78	78	79	80
499	81	82	83	84	84	85	86	87	88	89
500	69 90	91	91	92	93	94	95	96	97	98
N	0	1	2	3	4	5	6	7	8	9

Treutlein, Logarithmen.

I. Log **500** bis **550**.

N	0	1	2	3	4	5	6	7	8	9
500	69 90	91	91	92	93	94	95	96	97	98
501	98	99	00	01	02	03	04	04	05	06
502	70 07	08	09	10	10	11	12	13	14	15
503	16	17	17	18	19	20	21	22	23	23
504	24	25	26	27	28	29	29	30	31	32
505	70 33	34	35	35	36	37	38	39	40	41
506	42	42	43	44	45	46	47	48	48	49
507	50	51	52	53	54	54	55	56	57	58
508	59	59	60	61	62	63	64	65	65	66
509	67	68	69	70	71	71	72	73	74	75
510	70 76	77	77	78	79	80	81	82	83	83
511	84	85	86	87	88	88	89	90	91	92
512	93	94	94	95	96	97	98	99	99	00
513	71 01	02	03	04	05	05	06	07	08	09
514	10	10	11	12	13	14	15	16	16	17
515	71 18	19	20	21	21	22	23	24	25	26
516	26	27	28	29	30	31	32	32	33	34
517	35	36	37	37	38	39	40	41	42	42
518	43	44	45	46	47	47	48	49	50	51
519	52	53	53	54	55	56	57	58	58	59
520	71 60	61	62	63	63	64	65	66	67	68
521	68	69	70	71	72	73	73	74	75	76
522	77	78	78	79	80	81	82	83	83	84
523	85	86	87	88	88	89	90	91	92	92
524	93	94	95	96	97	97	98	99	00	01
525	72 02	02	03	04	05	06	07	07	08	09

N	0	1	2	3	4	5	6	7	8	9
525	72 02	02	03	04	05	06	07	07	08	09
526	10	11	12	12	13	14	15	16	16	17
527	18	19	20	21	21	22	23	24	25	26
528	26	27	28	29	30	30	31	32	33	34
529	35	35	36	37	38	39	39	40	41	42
530	72 43	44	44	45	46	47	48	48	49	50
531	51	52	53	53	54	55	56	57	57	58
532	59	60	61	62	62	63	64	65	66	66
533	67	68	69	70	71	71	72	73	74	75
534	75	76	77	78	79	79	80	81	82	83
535	72 84	84	85	86	87	88	88	89	90	91
536	92	92	93	94	95	96	97	97	98	99
537	73 00	01	01	02	03	04	05	05	06	07
538	08	09	09	10	11	12	13	13	14	15
539	16	17	17	18	19	20	21	22	22	23
540	73 24	25	26	26	27	28	29	30	30	31
541	32	33	34	34	35	36	37	38	38	39
542	40	41	42	42	43	44	45	46	46	47
543	48	49	50	50	51	52	53	54	54	55
544	56	57	58	58	59	60	61	62	62	63
545	73 64	65	66	66	67	68	69	70	70	71
546	72	73	74	74	75	76	77	77	78	79
547	80	81	81	82	83	84	85	85	86	87
548	88	89	89	90	91	92	93	93	94	95
549	96	97	97	98	99	00	00	01	02	03
550	74 04	04	05	06	07	08	08	09	10	11

| N | 0 | 1 | 2 | 3 | 4 | 5 | 6 | 7 | 8 | 9 |

I. Log **550** bis **600**.

N	0	1	2	3	4	5	6	7	8	9
550	74 04	04	05	0̲6	07	0̲8	08	09	1̲0	11
551	1̲2	12	13	1̲4	1̲5	15	16	17	1̲8	19
552	19	20	2̲1	2̲2	2̲3	23	24	2̲5	26	26
553	27	28	2̲9	3̲0	30	31	3̲2	33	3̲4	34
554	35	36	3̲7	37	38	39	4̲0	41	41	42
555	74 43	4̲4	44	45	46	4̲7	48	48	49	5̲0
556	5̲1	52	52	53	5̲4	5̲5	55	56	5̲7	5̲8
557	5̲9	59	60	6̲1	6̲2	62	63	64	6̲5	6̲6
558	66	67	6̲8	6̲9	69	70	71	7̲2	7̲3	73
559	74	7̲5	7̲6	76	77	78	7̲9	8̲0	80	81
560	74 82	83	83	84	8̲5	86	87	87	88	89
561	90	90	91	9̲2	9̲3	93	94	95	9̲6	9̲7
562	97	98	99	0̲0	0̲0	0̲1	0̲2	0̲3	0̲4	04
563	75 05	06	0̲7	07	08	0̲9	1̲0	10	11	12
564	1̲3	1̲4	14	15	1̲6	1̲7	17	18	19	2̲0
565	75 20	21	22	2̲3	2̲4	24	25	2̲6	2̲7	27
566	28	2̲9	3̲0	30	31	3̲2	33	3̲4	34	35
567	3̲6	3̲7	37	38	3̲9	4̲0	40	41	4̲2	4̲3
568	43	44	45	4̲6	4̲7	47	48	4̲9	5̲0	50
569	51	52	5̲3	53	54	5̲5	56	56	57	5̲8
570	75 59	60	60	61	6̲2	63	63	64	6̲5	6̲6
571	66	67	68	6̲9	69	70	7̲1	7̲2	72	73
572	7̲4	7̲5	75	76	77	7̲8	7̲9	79	80	8̲1
573	8̲2	82	83	8̲4	8̲5	85	86	8̲7	8̲8	88
574	89	9̲0	9̲1	91	92	9̲3	9̲4	94	95	96
575	75 9̲7	97	98	99	0̲0	0̲0	0̲1	0̲2	0̲3	0̲3

N	0	1	2	3	4	5	6	7	8	9
575	75 9̲7	97	98	99	0̲0	0̲0	0̲1	0̲2	0̲3	0̲3
576	76 04	0̲5	0̲6	06	07	0̲8	09	09	10	11
577	1̲2	13	13	14	15	1̲6	16	17	1̲8	19
578	19	20	2̲1	22	22	2̲3	2̲4	2̲5	25	26
579	27	2̲8	28	29	3̲0	3̲1	31	32	3̲3	3̲4
580	76 34	35	3̲6	3̲7	37	38	3̲9	4̲0	40	41
581	4̲2	4̲3	43	44	4̲5	45	46	4̲7	4̲8	48
582	49	5̲0	5̲1	51	52	5̲3	5̲4	54	55	5̲6
583	5̲7	57	58	5̲9	6̲0	60	61	6̲2	6̲3	63
584	64	6̲5	66	66	67	6̲8	6̲9	69	70	7̲1
585	76 7̲2	72	73	7̲4	7̲5	75	76	7̲7	77	78
586	7̲9	8̲0	80	81	8̲2	83	83	84	8̲5	8̲6
587	86	87	88	8̲9	8̲9'	90	91	9̲2	92	93
588	9̲4	95	95	96	9̲7	97	98	99	0̲0	0̲0
589	77 01	02	0̲3	03	04	0̲5	0̲6	06	07	08
590	77 0̲9	09	1̲0	1̲1	11	12	1̲3	1̲4	14	15
591	1̲6	1̲7	17	18	19	2̲0	20	21	2̲2	22
592	23	2̲4	2̲5	25	26	2̲7	28	28	29	3̲0
593	3̲1	31	32	3̲3	33	34	3̲5	3̲6	36	37
594	38	3̲9	39	40	4̲1	4̲2	42	4̲3	4̲4	44
595	77 45	4̲6	4̲7	47	48	4̲9	5̲0	50	51	5̲2
596	52	53	5̲4	5̲5	55	56	5̲7	5̲8	58	59
597	60	60	61	6̲2	6̲3	63	64	6̲5	6̲6	66
598	67	6̲8	68	69	7̲0	7̲1	71	72	7̲3	7̲4
599	74	7̲5	7̲6	76	77	7̲8	7̲9	79	80	8̲1
600	77 8̲2	82	83	8̲4	84	85	8̲6	8̲7	87	88

I. Log **600** bis **650**.

N	0	1	2	3	4	5	6	7	8	9
600	77 82	82	83	84	84	85	86	87	87	88
601	89	89	90	91	92	92	93	94	95	95
602	96	97	97	98	99	00	00	01	02	02
603	78 03	04	05	05	06	07	07	08	09	10
604	10	11	12	13	13	14	15	15	16	17
605	78 18	18	19	20	20	21	22	23	23	24
606	25	25	26	27	28	28	29	30	30	31
607	32	33	33	34	35	35	36	37	38	38
608	39	40	40	41	42	43	43	44	45	45
609	46	47	48	48	49	50	50	51	52	53
610	78 53	54	55	55	56	57	58	58	59	60
611	60	61	62	63	63	64	65	65	66	67
612	68	68	69	70	70	71	72	72	73	74
613	75	75	76	77	77	78	79	80	80	81
614	82	82	83	84	85	85	86	87	87	88
615	78 89	89	90	91	92	92	93	94	94	95
616	96	97	97	98	99	99	00	01	01	02
617	79 03	04	04	05	06	06	07	08	08	09
618	10	11	11	12	13	13	14	15	16	16
619	17	18	18	19	20	20	21	22	23	23
620	79 24	25	25	26	27	27	28	29	30	30
621	31	32	32	33	34	34	35	36	37	37
622	38	39	39	40	41	41	42	43	43	44
623	45	46	46	47	48	48	49	50	50	51
624	52	53	53	54	55	55	56	57	57	58
625	79 59	59	60	61	62	62	63	64	64	65
625	79 59	59	60	61	62	62	63	64	64	65
626	66	66	67	68	69	69	70	71	71	72
627	73	73	74	75	75	76	77	78	78	79
628	80	80	81	82	82	83	84	84	85	86
629	87	87	88	89	89	90	91	91	92	93
630	79 93	94	95	95	96	97	98	98	99	00
631	80 00	01	02	02	03	04	04	05	06	06
632	07	08	09	09	10	11	11	12	13	13
633	14	15	15	16	17	17	18	19	20	20
634	21	22	22	23	24	24	25	26	26	27
635	80 28	28	29	30	30	31	32	33	33	34
636	35	35	36	37	37	38	39	39	40	41
637	41	42	43	43	44	45	45	46	47	48
638	48	49	50	50	51	52	52	53	54	54
639	55	56	56	57	58	58	59	60	60	61
640	80 62	62	63	64	65	65	66	67	67	68
641	69	69	70	71	71	72	73	73	74	75
642	75	76	77	77	78	79	79	80	81	81
643	82	83	83	84	85	85	86	87	88	88
644	89	90	90	91	92	92	93	94	94	95
645	80 96	96	97	98	98	99	00	00	01	02
646	81 02	03	04	04	05	06	06	07	08	08
647	09	10	10	11	12	12	13	14	14	15
648	16	16	17	18	18	19	20	20	21	22
649	22	23	24	24	25	26	26	27	28	28
650	81 29	30	30	31	32	32	33	34	34	35
N	0	1	2	3	4	5	6	7	8	9

I. Log **650** bis **700**.

N	0	1	2	3	4	5	6	7	8	9
650	81 29	30	30	31	32	32	33	34	34	35
651	36	36	37	38	38	39	40	40	41	42
652	42	43	44	44	45	46	46	47	48	48
653	49	50	50	51	52	52	53	54	54	55
654	56	56	57	58	58	59	60	60	61	62
655	81 62	63	64	64	65	66	66	67	68	68
656	69	70	70	71	72	72	73	74	74	75
657	76	76	77	78	78	79	80	80	81	82
658	82	83	84	84	85	86	86	87	88	88
659	89	90	90	91	91	92	93	93	94	95
660	81 95	96	97	97	98	99	99	00	01	01
661	82 02	03	03	04	05	05	06	07	07	08
662	09	09	10	11	11	12	13	13	14	14
663	15	16	16	17	18	18	19	20	20	21
664	22	22	23	24	24	25	26	26	27	28
665	82 28	29	30	30	31	31	32	33	33	34
666	35	35	36	37	37	38	39	39	40	41
667	41	42	43	43	44	45	45	46	46	47
668	48	48	49	50	50	51	52	52	53	54
669	54	55	56	56	57	58	58	59	59	60
670	82 61	61	62	63	63	64	65	65	66	67
671	67	68	69	69	70	70	71	72	72	73
672	74	74	75	76	76	77	78	78	79	80
673	80	81	81	82	83	83	84	85	85	86
674	87	87	88	89	89	90	90	91	92	92
675	82 93	94	94	95	96	96	97	98	98	99
N	0	1	2	3	4	5	6	7	8	9

N	0	1	2	3	4	5	6	7	8	9
675	82 93	94	94	95	96	96	97	98	98	99
676	99	00	01	01	02	03	03	04	05	05
677	83 06	07	07	08	08	09	10	10	11	12
678	12	13	14	14	15	15	16	17	17	18
679	19	19	20	21	21	22	23	23	24	24
680	83 25	26	26	27	28	28	29	30	30	31
681	31	32	33	33	34	35	35	36	37	37
682	38	38	39	40	40	41	42	42	43	44
683	44	45	45	46	47	47	48	49	49	50
684	51	51	52	52	53	54	54	55	56	56
685	83 57	58	58	59	59	60	61	61	62	63
686	63	64	65	65	66	66	67	68	68	69
687	70	70	71	71	72	73	73	74	75	75
688	76	77	77	78	78	79	80	80	81	82
689	82	83	83	84	85	85	86	87	87	88
690	83 88	89	90	90	91	92	92	93	94	94
691	95	95	96	97	97	98	99	99	00	00
692	84 01	02	02	03	04	04	05	05	06	07
693	07	08	09	09	10	10	11	12	12	13
694	14	14	15	15	16	17	17	18	19	19
695	84 20	20	21	22	22	23	24	24	25	25
696	26	27	27	28	29	29	30	30	31	32
697	32	33	34	34	35	35	36	37	37	38
698	39	39	40	40	41	42	42	43	44	44
699	45	45	46	47	47	48	48	49	50	50
700	84 51	52	52	53	53	54	55	55	56	57
N	0	1	2	3	4	5	6	7	8	9

I. Log **700** bis **750**.

N	0	1	2	3	4	5	6	7	8	9
700	84 51	52	52	53	53	54	55	55	56	57
701	57	58	58	59	60	60	61	62	62	63
702	63	64	65	65	66	66	67	68	68	69
703	70	70	71	71	72	73	73	74	74	75
704	76	76	77	78	78	79	79	80	81	81
705	84 82	83	83	84	84	85	86	86	87	87
706	88	89	89	90	91	91	92	92	93	94
707	94	95	95	96	97	97	98	98	99	00
708	85 00	01	02	02	03	03	04	05	05	06
709	06	07	08	08	09	10	10	11	11	12
710	85 13	13	14	14	15	16	16	17	17	18
711	19	19	20	21	21	22	22	23	24	24
712	25	25	26	27	27	28	28	29	30	30
713	31	32	32	33	33	34	35	35	36	36
714	37	38	38	39	39	40	41	41	42	42
715	85 43	44	44	45	45	46	47	47	48	49
716	49	50	50	51	52	52	53	53	54	55
717	55	56	56	57	58	58	59	59	60	61
718	61	62	62	63	64	64	65	65	66	67
719	67	68	68	69	70	70	71	72	72	73
720	85 73	74	75	75	76	76	77	78	78	79
721	79	80	81	81	82	82	83	84	84	85
722	85	86	87	87	88	88	89	90	90	91
723	91	92	93	93	94	94	95	96	96	97
724	97	98	99	99	00	00	01	02	02	03
725	86 03	04	05	05	06	06	07	08	08	09

N	0	1	2	3	4	5	6	7	8	9
725	86 03	04	05	05	06	06	07	08	08	09
726	09	10	11	11	12	12	13	14	14	15
727	15	16	17	17	18	18	19	20	20	21
728	21	22	23	23	24	24	25	25	26	27
729	27	28	28	29	30	30	31	31	32	33
730	86 33	34	34	35	36	36	37	37	38	39
731	39	40	40	41	42	42	43	43	44	45
732	45	46	46	47	47	48	49	49	50	50
733	51	52	52	53	53	54	55	55	56	56
734	57	58	58	59	59	60	61	61	62	62
735	86 63	63	64	65	65	66	66	67	68	68
736	69	69	70	71	71	72	72	73	73	74
737	75	75	76	76	77	78	78	79	79	80
738	81	81	82	82	83	84	84	85	85	86
739	86	87	88	88	89	89	90	91	91	92
740	86 92	93	93	94	95	95	96	96	97	98
741	98	99	99	00	01	01	02	02	03	03
742	87 04	05	05	06	06	07	08	08	09	09
743	10	10	11	12	12	13	13	14	15	15
744	16	16	17	17	18	19	19	20	20	21
745	87 22	22	23	23	24	24	25	26	26	27
746	27	28	29	29	30	30	31	31	32	33
747	33	34	34	35	36	36	37	37	38	38
748	39	40	40	41	41	42	42	43	44	44
749	45	45	46	47	47	48	48	49	49	50
750	87 51	51	52	52	53	54	54	55	55	56

I. Log **750** bis **800**.

N	0	1	2	3	4	5	6	7	8	9
750	87 51	51	52	52	53	54	54	55	55	56
751	56	57	58	58	59	59	60	60	61	62
752	62	63	63	64	64	65	66	66	67	67
753	68	69	69	70	70	71	71	72	73	73
754	74	74	75	75	76	77	77	78	78	79
755	87 79	80	81	81	82	82	83	83	84	85
756	85	86	86	87	88	88	89	89	90	90
757	91	92	92	93	93	94	94	95	96	96
758	97	97	98	98	99	00	00	01	01	02
759	88 02	03	03	04	04	05	05	06	06	07	08
760	88 08	09	09	10	10	11	12	12	13	13
761	14	14	15	16	16	17	17	18	18	19
762	20	20	21	21	22	22	23	24	24	25
763	25	26	26	27	28	28	29	29	30	30
764	31	32	32	33	33	34	34	35	35	36
765	88 37	37	38	38	39	39	40	41	41	42
766	42	43	43	44	45	45	46	46	47	47
767	48	49	49	50	50	51	51	52	52	53
768	54	54	55	55	56	56	57	58	58	59
769	59	60	60	61	62	62	63	63	64	64
770	88 65	65	66	67	67	68	68	69	69	70
771	71	71	72	72	73	73	74	74	75	76
772	76	77	77	78	78	79	80	80	81	81
773	82	82	83	83	84	85	85	86	86	87
774	87	88	89	89	90	90	91	91	92	92
775	88 93	94	94	95	95	96	96	97	97	98

N	0	1	2	3	4	5	6	7	8	9
775	88 93	94	94	95	95	96	96	97	97	98
776	99	99	00	00	01	01	02	03	03	04
777	89 04	05	05	06	06	07	08	08	09	09
778	10	10	11	11	12	13	13	14	14	15
779	15	16	16	17	18	18	19	19	20	20
780	89 21	22	22	23	23	24	24	25	25	26
781	27	27	28	28	29	29	30	30	31	32
782	32	33	33	33	34	35	35	36	37	37
783	38	38	39	39	40	40	41	41	42	43
784	43	44	44	45	45	46	46	47	48	48
785	89 49	49	50	50	51	51	52	53	53	54
786	54	55	55	56	56	57	58	58	59	59
787	60	60	61	61	62	63	63	64	64	65
788	65	66	66	67	67	68	69	69	70	70
789	71	71	72	72	73	74	74	75	75	76
790	89 76	77	77	78	78	79	80	80	81	81
791	82	82	83	83	84	85	85	86	86	87
792	87	88	88	89	89	90	91	91	92	92
793	93	93	94	94	95	95	96	97	97	98
794	98	99	99	00	00	01	01	02	03	03
795	90 04	04	05	05	06	06	07	07	08	09
796	09	10	10	11	11	12	12	13	13	14
797	15	15	16	16	17	17	18	18	19	19
798	20	21	21	22	22	23	23	24	24	25
799	25	26	27	27	28	28	29	29	30	30
800	90 31	31	32	33	33	34	34	35	35	36

I. Log **800** bis **850**.

N	0	1	2	3	4	5	6	7	8	9
800	90 31	31	32	33	33	34	34	35	35	36
801	36	37	37	38	38	39	40	40	41	41
802	42	42	43	43	44	44	45	46	46	47
803	47	48	48	49	49	50	50	51	51	52
804	53	53	54	54	55	55	56	56	57	57
805	90 58	58	59	60	60	61	61	62	62	63
806	63	64	64	65	66	66	67	67	68	68
807	69	69	70	70	71	71	72	73	73	74
808	74	75	75	76	76	77	77	78	78	79
809	79	80	81	81	82	82	83	83	84	84
810	90 85	85	86	86	87	88	88	89	89	90
811	90	91	91	92	92	93	93	94	94	95
812	96	96	97	97	98	98	99	99	00	00
813	91 01	01	02	02	03	03	04	04	05	05 06
814	06	07	07	08	08	09	09	10	11	11
815	91 12	12	13	13	14	14	15	15	16	16
816	17	17	18	18	19	20	20	21	21	22
817	22	23	23	24	24	25	25	26	26	27
818	28	28	29	29	30	30	31	31	32	32
819	33	33	34	34	35	35	36	37	37	38
820	91 38	39	39	40	40	41	41	42	42	43
821	43	44	44	45	46	46	47	47	48	48
822	49	49	50	50	51	51	52	52	53	53
823	54	55	55	56	56	57	57	58	58	59
824	59	60	60	61	61	62	62	63	63	64
825	91 65	65	66	66	67	67	68	68	69	69

N	0	1	2	3	4	5	6	7	8	9
825	91 65	65	66	66	67	67	68	68	69	69
826	70	70	71	71	72	72	73	73	74	75
827	75	76	76	77	77	78	78	79	79	80
828	80	81	81	82	82	83	83	84	84	85
829	86	86	87	87	88	88	89	89	90	90
830	91 91	91	92	92	93	93	94	94	95	95
831	96	97	97	98	98	99	99	00	00	01
832	92 01	02	02	03	03	04	04	05	05	06
833	06	07	07	08	09	09	10	10	11	11
834	12	12	13	13	14	14	15	15	16	16
835	92 17	17	18	18	19	19	20	21	21	22
836	22	23	23	24	24	25	25	26	26	27
837	27	28	28	29	29	30	30	31	31	32
838	32	33	33	34	35	35	36	36	37	37
839	38	38	39	39	40	40	41	41	42	42
840	92 43	43	44	44	45	45	46	46	47	47
841	48	48	49	50	50	51	51	52	52	53
842	53	54	54	55	55	56	56	57	57	58
843	58	59	59	60	60	61	61	62	62	63
844	63	64	64	65	65	66	67	67	68	68
845	92 69	69	70	70	71	71	72	72	73	73
846	74	74	75	75	76	76	77	77	78	78
847	79	79	80	80	81	81	82	82	83	83
848	84	84	85	85	86	87	87	88	88	89
849	89	90	90	91	91	92	92	93	93	94
850	92 94	95	95	96	96	97	97	98	98	99

I. Log **850** bis **900**.

N	0	1	2	3	4	5	6	7	8	9
850	92 94	95	95	96	96	97	97	98	98	99
851	99	00	00	01	01	02	02	03	03	04
852	93 04	05	05	06	06	07	07	08	08	09
853	09	10	11	11	12	12	13	13	14	14
854	15	15	16	16	17	17	18	18	19	19
855	93 20	20	21	21	22	22	23	23	24	24
856	25	25	26	26	27	27	28	28	29	29
857	30	30	31	31	32	32	33	33	34	34
858	35	35	36	36	37	37	38	38	39	39
859	40	40	41	41	42	42	43	43	44	44
860	93 45	45	46	46	47	48	48	49	49	50
861	50	51	51	52	52	53	53	54	54	55
862	55	56	56	57	57	58	58	59	59	60
863	60	61	61	62	62	63	63	64	64	65
864	65	66	66	67	67	68	68	69	69	70
865	93 70	71	71	72	72	73	73	74	74	75
866	75	76	76	77	77	78	78	79	79	80
867	80	81	81	82	82	83	83	84	84	85
868	85	86	86	87	87	88	88	89	89	90
869	90	91	91	92	92	93	93	94	94	95
870	93 95	96	96	97	97	98	98	99	99	00
871	94 00	01	01	02	02	03	03	04	04	05
872	05	06	06	07	07	08	08	09	09	10
873	10	11	11	12	12	13	13	14	14	15
874	15	16	16	17	17	18	18	19	19	20
875	94 20	21	21	22	22	23	23	24	24	25

N	0	1	2	3	4	5	6	7	8	9
875	94 20	21	21	22	22	23	23	24	24	25
876	25	26	26	27	27	28	28	29	29	30
877	30	30	31	31	32	32	33	33	34	34
878	35	35	36	36	37	37	38	38	39	39
879	40	40	41	41	42	42	43	43	44	44
880	94 45	45	46	46	47	47	48	48	49	49
881	50	50	51	51	52	52	53	53	54	54
882	55	55	56	56	57	57	58	58	59	59
883	60	60	61	61	62	62	63	63	64	64
884	65	65	66	66	66	67	67	68	68	69
885	94 69	70	70	71	71	72	72	73	73	74
886	74	75	75	76	76	77	77	78	78	79
887	79	80	80	81	81	82	82	83	83	84
888	84	85	85	86	86	87	87	88	88	89
889	89	90	90	90	91	91	92	92	93	93
890	94 94	94	95	95	96	96	97	97	98	98
891	99	99	00	00	01	01	02	02	03	03
892	95 04	04	05	05	06	06	07	07	08	08
893	09	09	09	10	10	11	11	12	12	13
894	13	14	14	15	15	16	16	17	17	18
895	95 18	19	19	20	20	21	21	22	22	23
896	23	24	24	25	25	26	26	27	27	27
897	28	28	29	29	30	30	31	31	32	32
898	33	33	34	34	35	35	36	36	37	37
899	38	38	39	39	40	40	40	41	41	42
900	95 42	43	43	44	44	45	45	46	46	47

Treutlein, Logarithmen.

I. Log **900** bis **950**.

N	0	1	2	3	4	5	6	7	8	9
900	95 42	4̲3	43	4̲4	44	4̲5	45	4̲6	46	47
901	47	4̲8	48	4̲9	49	5̲0	50	5̲1	51	5̲2
902	52	5̲3	53	5̲4	5̲4	54	5̲5	55	5̲6	56
903	5̲7	57	5̲8	58	5̲9	59	6̲0	60	6̲1	61
904	6̲2	62	6̲3	63	6̲4	64	6̲5	65	6̲6	66
905	95 66	6̲7	67	68	68	6̲9	69	7̲0	70	7̲1
906	71	7̲2	72	7̲3	73	7̲4	74	7̲5	75	7̲6
907	76	7̲7	77	7̲8	78	78	7̲9	79	80	80
908	8̲1	81	8̲2	82	8̲2	83	8̲4	84	85	85
909	8̲6	86	8̲7	87	8̲8	88	8̲9	89	89	90
910	95 90	9̲1	91	9̲2	92	9̲3	93	9̲4	94	9̲5
911	95	9̲6	96	9̲7	97	9̲8	98	99	99	9̲9
912	96 00	00	0̲1	01	0̲2	02	0̲3	03	0̲4	04
913	0̲5	05	0̲6	06	0̲7	07	0̲8	08	0̲9	09
914	09	1̲0	10	1̲1	11	1̲2	12	1̲3	13	1̲4
915	96 14	1̲5	15	1̲6	16	1̲7	17	1̲8	18	18
916	1̲9	19	2̲0	20	2̲1	21	2̲2	22	2̲3	23
917	2̲4	24	2̲5	25	2̲6	26	2̲7	27	27	2̲8
918	28	2̲9	29	3̲0	30	3̲1	31	3̲2	32	3̲3
919	33	3̲4	34	3̲5	35	3̲6	36	36	3̲7	37
920	96 38	38	3̲9	39	4̲0	40	4̲1	41	4̲2	42
921	4̲3	43	4̲4	44	4̲4	4̲5	45	4̲6	46	4̲7
922	47	4̲8	48	4̲9	49	5̲0	50	5̲1	51	5̲2
923	52	5̲2	53	5̲3	5̲4	54	5̲5	55	5̲6	56
924	5̲7	57	5̲8	58	5̲9	59	6̲0	60	6̲0	6̲1
925	96 61	62	62	6̲3	63	6̲4	64	6̲5	65	66

N	0	1	2	3	4	5	6	7	8	9
925	96 61	62	62	6̲3	63	6̲4	64	6̲5	65	66
926	66	6̲7	67	6̲8	68	68	6̲9	69	7̲0	70
927	7̲1	71	7̲2	72	7̲3	73	7̲4	74	7̲5	75
928	75	7̲6	76	7̲7	77	7̲8	78	7̲9	79	8̲0
929	80	8̲1	81	8̲2	82	82	8̲3	83	8̲4	84
930	96 85	85	8̲6	86	8̲7	87	8̲8	88	8̲9	89
931	89	9̲0	90	9̲1	91	9̲2	92	9̲3	93	9̲4
932	94	9̲5	95	9̲6	96	96	9̲7	97	9̲8	98
933	9̲9	99	0̲0	0̲0	0̲1	01	0̲2	02	0̲3	03
934	**97** 03	04	0̲4	04	0̲5	05	0̲6	06	0̲7	07
935	97 08	0̲9	09	1̲0	10	10	1̲1	11	1̲2	12
936	1̲3	13	1̲4	14	1̲5	15	1̲6	16	16	1̲7
937	17	1̲8	18	1̲9	19	2̲0	20	2̲1	21	2̲2
938	22	2̲2	23	23	2̲4	24	2̲5	25	2̲6	26
939	2̲7	27	2̲8	28	2̲9	29	2̲9	3̲0	30	3̲1
940	97 31	32	32	3̲3	33	3̲4	34	3̲5	3̲5	35
941	36	36	3̲7	37	3̲8	38	3̲9	39	4̲0	40
942	4̲1	41	41	4̲2	42	4̲3	43	4̲4	44	4̲5
943	45	4̲6	46	4̲6	4̲7	47	4̲8	48	4̲9	49
944	50	50	5̲1	51	5̲2	52	5̲2	53	53	5̲4
945	97 54	5̲5	55	5̲6	56	5̲7	57	5̲8	5̲8	58
946	5̲9	59	6̲0	60	6̲1	61	6̲2	62	6̲3	63
947	6̲4	64	64	6̲5	65	6̲6	66	6̲7	67	68
948	68	6̲9	69	69	7̲0	70	7̲1	71	7̲2	72
949	7̲3	73	7̲4	74	74	7̲5	75	7̲6	76	7̲7
950	97 77	7̲8	78	7̲9	79	8̲0	80	80	8̲1	81

I. Log **950** bis **999**.

N	0	1	2	3	4	5	6	7	8	9
950	97 77	78	78	79	79	80	80	80	81	81
951	82	82	83	83	84	84	85	85	85	86
952	86	87	87	88	88	89	89	90	90	90
953	91	91	92	92	93	93	94	94	95	95
954	95	96	96	97	97	98	98	99	99	00
955	98 00	00	01	01	02	02	03	03	04	04
956	05	05	05	06	06	07	07	08	08	09
957	09	10	10	10	11	11	12	12	13	13
958	14	14	15	15	15	16	16	17	17	18
959	18	19	19	20	20	20	21	21	22	22
960	98 23	23	24	24	25	25	25	26	26	27
961	27	28	28	29	29	29	30	30	31	31
962	32	32	33	33	34	34	34	35	35	36
963	36	37	37	38	38	39	39	39	40	40
964	41	41	42	42	43	43	43	44	44	45
965	98 45	46	46	47	47	48	48	48	49	49
966	50	50	51	51	52	52	52	53	53	54
967	54	55	55	56	56	57	57	57	58	58
968	59	59	60	60	61	61	61	62	62	63
969	63	64	64	65	65	65	66	66	67	67
970	98 68	68	69	69	70	70	70	71	71	72
971	72	73	73	74	74	74	75	75	76	76
972	77	77	78	78	78	79	79	80	80	81
973	81	82	82	82	83	83	84	84	85	85
974	86	86	86	87	87	88	88	89	89	90
975	98 90	90	91	91	92	92	93	93	94	94

N	0	1	2	3	4	5	6	7	8	9
975	98 90	90	91	91	92	92	93	93	94	94
976	94	95	95	96	96	97	97	98	98	99
977	99	99	00	00	01	01	02	02	03	03
978	99 03	04	04	05	05	06	06	06	07	07
979	08	08	09	09	10	10	10	11	11	12
980	99 12	13	13	14	14	14	15	15	16	16
981	17	17	18	18	18	19	19	20	20	21
982	21	22	22	22	23	23	24	24	25	25
983	26	26	26	27	27	28	28	29	29	30
984	30	30	31	31	32	32	33	33	33	34
985	99 34	35	35	36	36	37	37	37	38	38
986	39	39	40	40	41	41	41	42	42	43
987	43	44	44	44	45	45	46	46	47	47
988	48	48	48	49	49	50	50	51	51	52
989	52	52	53	53	54	54	55	55	55	56
990	99 56	57	57	58	58	59	59	59	60	60
991	61	61	62	62	62	63	63	64	64	65
992	65	66	66	66	67	67	68	68	69	69
993	69	70	70	71	71	72	72	73	73	73
994	74	74	75	75	76	76	76	77	77	78
995	99 78	79	79	80	80	80	81	81	82	82
996	83	83	83	84	84	85	85	86	86	87
997	87	87	88	88	89	89	90	90	90	91
998	91	92	92	93	93	93	94	94	95	95
999	96	96	97	97	97	98	98	99	99	00

II. Wahre Werte der

° ,	sin	tg	ctg	cos	
0	0,000	0,000	+∞	1,000	**90**
20	006	006	171,89	000	40
40	012	012	85,94	000	20
1	0,017	0,017	57,29	1,000	**89**
20	023	023	42,96	000	40
40	029	029	34,37	000	20
2	0,035	0,035	28,64	0,999	**88**
20	041	041	24,54	999	40
40	047	047	21,47	999	20
3	0,052	0,052	19,08	0,999	**87**
20	058	058	17,17	998	40
40	064	064	15,60	998	20
4	0,070	0,070	14,30	0,998	**86**
20	076	076	13,20	997	40
40	081	082	12,25	997	20
5	0,087	0,087	11,43	0,996	**85**
20	093	093	10,71	996	40
40	099	099	10,08	995	20
6	0,105	0,105	9,514	0,995	**84**
20	110	111	010	994	40
40	116	117	8,556	993	20
7	0,122	0,123	8,144	0,993	**83**
20	128	129	7,770	992	40
40	133	135	429	991	20
8	0,139	0,141	7,115	0,990	**82**
20	145	146	6,827	989	40
40	151	152	561	989	20
9	0,156	0,158	6,314	0,988	**81**
20	162	164	084	987	40
40	168	170	5,871	986	20
10	0,174	0,176	5,671	0,985	**80**
	cos	ctg	tg	sin	′ °

° ,	sin	tg	ctg	cos	
10	0,174	0,176	5,671	0,985	**80**
20	179	182	485	984	40
40	185	188	309	983	20
11	0,191	0,194	5,145	0,982	**79**
20	197	200	4,989	981	40
40	202	206	843	979	20
12	0,208	0,213	4,705	0,978	**78**
20	214	219	574	977	40
40	219	225	449	976	20
13	0,225	0,231	4,331	0,974	**77**
20	231	237	219	973	40
40	236	243	113	972	20
14	0,242	0,249	4,011	0,970	**76**
20	248	256	3,914	969	40
40	253	262	821	967	20
15	0,259	0,268	3,732	0,966	**75**
20	264	274	647	964	40
40	270	280	566	963	20
16	0,276	0,287	3,487	0,961	**74**
20	281	293	412	960	40
40	287	299	340	958	20
17	0,292	0,306	3,271	0,956	**73**
20	298	312	204	955	40
40	303	319	140	953	20
18	0,309	0,325	3,078	0,951	**72**
20	315	331	018	949	40
40	320	338	2,960	947	20
19	0,326	0,344	2,904	0,946	**71**
20	331	351	850	944	40
40	337	357	798	942	20
20	0,342	0,364	2,747	0,940	**70**
	cos	ctg	tg	sin	′ °

goniometrischen Funktionen.

° ,	sin	tg	ctg	cos	
20	0,342	0,364	2,747	0,940	**70**
20	347	371	699	938	40
40	353	377	651	936	20
21	0,358	0,384	2,605	0,934	**69**
20	364	391	560	931	40
40	369	397	517	929	20
22	0,375	0,404	2,475	0,927	**68**
20	380	411	434	925	40
40	385	418	394	923	20
23	0,391	0,424	2,356	0,921	**67**
20	396	431	318	918	40
40	401	438	282	916	20
24	0,407	0,445	2,246	0,914	**66**
20	412	452	211	911	40
40	417	459	177	909	20
25	0,423	0,466	2,145	0,906	**65**
20	428	473	112	904	40
40	433	481	081	901	20
26	0,438	0,488	2,050	0,899	**64**
20	444	495	020	896	40
40	449	502	1,991	894	20
27	0,454	0,510	1,963	0,891	**63**
20	459	517	935	888	40
40	464	524	907	886	20
28	0,469	0,532	1,881	0,883	**62**
20	475	539	855	880	40
40	480	547	829	877	20
29	0,485	0,554	1,804	0,875	**61**
20	490	562	780	872	40
40	495	570	756	869	20
30	0,500	0,577	1,732	0,866	**60**
	cos	ctg	tg	sin	′ °

° ,	sin	tg	ctg	cos	
30	0,500	0,577	1,732	0,866	**60**
30	508	589	698	862	30
31	515	601	664	857	**59**
30	522	613	632	853	30
32	530	625	600	848	**58**
30	537	637	570	843	30·
33	0,545	0,649	1,540	0,839	**57**
30	552	662	511	834	30
34	559	675	483	829	**56**
30	566	687	455	824	30
35	574	700	428	819	**55**
30	581	713	402	814	30
36	0,588	0,727	1,376	0,809	**54**
30	595	740	351	804	30
37	602	754	327	799	**53**
30	609	767	303	793	30
38	616	781	280	788	**52**
30	623	795	257	783	30
39	0,629	0,810	1,235	0,777	**51**
30	636	824	213	772	30
40	643	839	192	766	**50**
30	649	854	171	760	30
41	656	869	150	755	**49**
30	663	885	130	749	30
42	0,669	0,900	1,111	0,743	**48**
30	676	916	091	737	30
43	682	933	072	731	**47**
30	688	949	054	725	30
44	695	966	036	719	**46**
30	701	983	018	713	30
45	0,707	1,000	1,000	0,707	**45**
	cos	ctg	tg	sin	′ °

III. Logarithmen von Sinus

0°

″		″	″		″	″		″	″		″
0′	−∞	60′	5′	7,16 27	55′	10′	7,46 37	50′	15′	7,63 98	45′
10	5,68 56	50	10	17 69	50	10	47 09	50	10	64 46	50
20	98 66	40	20	19 07	40	20	80	40	20	94	40
30	6,16 27	30	30	20 41	30	30	48 49	30	30	65 41	30
40	28 76	20	40	21 70	20	40	49 18	20	40	87	20
50	38 45	10	50	22 96	10	50	85	10	50	66 33	10
1′	6,46 37	59′	6′	7,24 19	54′	11′	7,50 51	49′	16′	7,66 78	44′
10	53 07	50	10	25 38	50	10	51 16	50	10	67 23	50
20	58 87	40	20	26 54	40	20	81	40	20	68	40
30	63 98	30	30	27 66	30	30	52 44	30	30	68 12	30
40	68 56	20	40	28 76	20	40	53 07	20	40	56	20
50	72 70	10	50	29 84	10	50	68	10	50	99	10
2′	6,76 48	58′	7′	7,30 88	53′	12′	7,54 29	48′	17′	7,69 42	43′
10	79 95	50	10	31 90	50	10	89	50	10	84	50
20	83 17	40	20	32 90	40	20	55 48	40	20	70 26	40
30	86 17	30	30	33 88	30	30	56 06	30	30	68	30
40	88 97	20	40	34 83	20	40	64	20	40	71 09	20
50	91 60	10	50	35 77	10	50	57 21	10	50	50	10
3′	6,94 08	57′	8′	7,36 68	52′	13′	7,57 77	47′	18′	7,71 90	42′
10	96 43	50	10	37 58	50	10	58 32	50	10	72 30	50
20	98 66	40	20	38 45	40	20	87	40	20	70	40
30	7,00 78	30	30	39 31	30	30	59 41	30	30	73 09	30
40	02 80	20	40	40 16	20	40	94	20	40	48	20
50	04 73	10	50	40 98	10	50	60 47	10	50	87	10
4′	7,06 58	56′	9′	7,41 80	51′	14′	7,60 99	46′	19′	7,74 25	41′
10	08 35	50	10	42 59	50	10	61 50	50	10	63	50
20	10 05	40	20	43 38	40	20	62 01	40	20	75 00	40
30	11 69	30	30	44 14	30	30	51	30	30	38	30
40	13 27	20	40	44 90	20	40	63 01	20	40	75	20
50	14 80	10	50	45 64	10	50	50	10	50	76 11	10
5′	7,16 72	55′	10′	7,46 37	50′	15′	7,63 98	45′	20′	7,76 48	40′

89°

Logarithmen von Cosinus

und **Tangens** der Winkel von 0 bis 1°.

0°

″		″	″		″	″		″	″		″
20′	7,76 48	40′	30′	7,94 08*	30′	40′	8,06 58	20′	50′	8,16 27	10′
20	77 19	40	20	56	40	20	94	40	20	56	40
40	90	20	40	95 04	20	40	07 30	20	40	84*	20
21′	7,78 59*	39′	31′	7,95 51	29′	41′	8,07 65	19′	51′	8,17 13	9′
20	79 28	40	20	97	40	20	08 00	40	20	41*	40
40	95	20	40	96 43	20	40	35	20	40	69*	20
22′	7,80 61*	38′	32′	7,96 89	28′	42′	8,08 70	18′	52	8,17 97*	8′
20	81 27	40	20	97 34	40	20	09 04	40	20	18 25	40
40	91	20	40	78	20	40	38	20	40	52*	20
23′	7,82 55	37′	33′	7,98 22*	27′	43′	8,09 72	17′	53′	8,18 80	7′
20	83 17	40	20	66	40	20	10 05*	40	20	19 07*	40
40	79	20	40	99 09	20	40	39	20	40	34*	20
24′	7,84 39	36′	34′	7,99 52	26′	44′	8,10 72	16′	54′	8,19 61*	6′
20	99	40	20	94*	40	20	11 04*	40	20	88	40
40	85 58	20	40	8,00 36*	20	40	37	20	40	20 14*	20
25′	7,86 17	35′	35′	8,00 78	25′	45′	8,11 69*	15′	55′	8,20 41	5′
20	74	40	20	01 19	40	20	12 01*	40	20	67*	40
40	87 31	20	40	60	20	40	33*	20	40	93*	20
26′	7,87 87	34′	36′	8,02 00	24′	46′	8,12 65	14′	56′	8,21 19*	4′
20	88 42	40	20	40	40	20	96	40	20	45	40
40	97	20	40	80	20	40	13 27*	20	40	70	20
27′	7,89 51	33′	37′	8,03 19	23′	47′	8,13 58*	13′	57′	8,21 96	3′
20	90 04	40	20	58	40	20	89	40	20	21*	40
40	57	20	40	97	20	40	14 19*	20	40	22 46*	20
28′	7,91 09	32′	38′	8,04 35	22′	48′	8,14 50	12′	58′	8,22 71	2′
20	60	40	20	73	40	20	80	40	20	96*	40
40	92 11	20	40	05 11	20	40	15 09*	20	40	23 21*	20
29′	7,92 61	31′	39′	8,05 48	21′	49′	8,15 39*	11′	59′	8,23 46	1′
20	93 11	40	20	85	40	20	69	40	20	70*	40
40	60	20	40	06 21	20	40	98	20	40	94*	20
30′	7,94 08*	30′	40′	8,06 58	20′	50′	8,16 27	10′	1°	8,24 19	0′

* bedeutet, daß für tg α die letzte **89°** Ziffer um 1 zu erhöhen ist.

und **Cotangens** der Winkel von 89 bis 90°.

IV. Logarithmen der

$\mathcal{L}\cos\alpha = 9{,}9999$ — **1°** — $\mathcal{L}\cos\alpha = 9{,}9999$

′ ″	$\mathcal{L}\sin\ \frac{d}{10''}$	$\mathcal{L}\text{tg}\ \frac{d}{10''}$	$\mathcal{L}\text{ctg}$		′ ″	$\mathcal{L}\sin\ \frac{d}{10''}$	$\mathcal{L}\text{tg}\ \frac{d}{10''}$	$\mathcal{L}\text{ctg}$	
0	8,24 19 12	8,24 19 12	1,75 81	89°	15	8,33 88 10	8,33 89 10	1,66 11	45
30	55 12	55 12	45	30	30	34 16 10	34 17 10	65 83	30
1	90 12	91 12	09	59	16	45 9	46 9	54	44
30	25 26 12	25 26 12	74 74	30	30	74 9	75 9	25	30
2	61 12	62 12	38	58	17	35 02 9	35 03 9	64 97	43
30	96	97	03	30	30	30	31	69	30
3	26 30 12	26 31 12	73 69	57	18	58 9	59 9	41	42
30	65 11	65 11	35	30	30	86 9	87 9	13	30
4	99 11	27 00 11	00	56	19	36 13 9	36 14 9	63 86	41
30	27 33 11	33 11	72 67	30	30	41 9	42 9	58	30
5	8,27 66	8,27 67	1,72 33	55	20	8,36 68	8,36 69	1,63 31	40
30	99	28 00	00	30	30	95	96	04	30
6	28 32 11	33 11	71 67	54	21	37 22 9	37 23 9	62 77	39
30	65 11	66 11	34	30	30	48 9	50 9	50	30
7	98 11	99 11	01	53	22	75 9	76 9	24	38
30	29 30	29 31	70 69	30	30	38 01	38 03	61 97	30
8	62	63 11	37	52	23	28 9	29 9	71	37
30	94 11	95 11	05	30	30	54 9	55 9	45	30
9	30 25 11	30 26 11	69 74	51	24	80 9	81 9	19	36
30	57 10	58 10	42	30	30	39 05 9	39 07 9	60 93	30
10	8,30 88	8,30 89	1,69 11	50	25	8,39 31	8,39 32	1,60 68	35
30	31 19	31 20	68 80	30	30	56 8	58 8	42	30
11	50 10	50 10	50	49	26	82 8	83 8	17	34
30	80 10	81 10	19	30	30	40 07 8	40 08 8	59 92	30
12	32 10 10	32 11 10	67 89	48	27	32 8	33 8	67	33
30	40	41	59	30	30	57	58	42	30
13	70	71 10	29	47	28	82 8	83 8	17	32
30	33 00 10	33 01 10	66 99	30	30	41 06 8	41 08 8	58 92	30
14	29 10	30 10	70	46	29	31 8	32 8	68	31
30	58 10	60 10	40	30	30	55 8	56 8	44	30
15	8,33 88	8,33 89	1,66 11	45	30	8,41 79	8,41 81	1,58 19	30

| | $\mathcal{L}\cos\ \frac{d}{10''}$ | $\mathcal{L}\text{ctg}\ \frac{d}{10''}$ | $\mathcal{L}\text{tg}$ | ″ ′ | | $\mathcal{L}\cos\ \frac{d}{10''}$ | $\mathcal{L}\text{ctg}\ \frac{d}{10''}$ | $\mathcal{L}\text{tg}$ | ″ ′ |

$\mathcal{L}\sin = 9{,}9999$ — **88°** — $\mathcal{L}\sin = 9{,}9999$

goniometrischen Funktionen.

$l\cos\alpha = 9{,}9998$ **1^0**   **$l\cos\alpha = 9{,}9998$**

′ ″	$l\sin \frac{d}{10'}$	$l\text{tg} \frac{d}{10''} \, l\text{ctg}$		′ ″	$l\sin \frac{d}{10''}$	$l\text{tg} \frac{d}{10''} \, l\text{ctg}$	
30	8,41 79	8,41 81 1,58 19	30	45	8,48 48 $_7$	8,48 51 1,51 49	15
30	42 03 $_8$	42 05 $_8$ 57 95	30	30	69 $_7$	71 $_7$ 29	30
31	27 $_8$	29 $_8$ 71	29	46	90 $_7$	92 $_7$ 08	14
30	51 $_8$	52 $_8$ 48	30	30	49 10 $_7$	49 12 $_7$ 50 88	30
32	75	76 24	28	47	30 $_7$	33 $_7$ 67	13
30	98	43 00 00	30	30	51	53 47	30
33	43 22 $_8$	23 $_8$ 56 77	27	48	71 $_7$	73 $_7$ 27	12
30	45 $_8$	46 $_8$ 54	30	30	91 $_7$	93 $_7$ 07	30
34	68 $_8$	70 $_8$ 30	26	49	50 11 $_7$	50 13 $_7$ 49 87	11
30	91 $_8$	93 $_8$ 07	30	30	31 $_7$	33 $_7$ 67	30
35	8,44 14	8,44 16 1,55 84	25	50	8,50 50	8,50 53 1,49 47	10
30	37 $_8$	38 $_8$ 62	30	30	70 $_7$	72 $_7$ 28	30
36	59 $_8$	61 $_8$ 39	24	51	90 $_7$	92 $_7$ 08	9
30	82 $_8$	84 $_8$ 16	30	30	51 09 $_6$	51 12 $_7$ 48 88	30
37	45 04 $_8$	45 06 $_8$ 54 94	23	52	29 $_6$	31 $_7$ 69	8
30	27 $_8$	28 $_8$ 72	30	30	48	50 $_6$ 50	30
38	49 $_7$	51 $_7$ 49	22	53	67	70 30	7
30	71 $_7$	73 $_7$ 27	30	30	86 $_6$	89 $_6$ 11	30
39	93	95 05	21	54	52 06 $_6$	52 08 $_6$ 47 92	6
30	46 15	46 17 53 83	30	30	25 $_6$	27 $_6$ 73	30
40	8,46 37	8,46 38 1,53 62	20	55	8,52 43	8,52 46 1,47 54	5
30	58 $_7$	60 $_7$ 40	30	30	62 $_6$	65 $_6$ 35	30
41	80 $_7$	82 $_7$ 18	19	56	81 $_6$	83 $_6$ 17	4
30	47 01 $_7$	47 03 $_7$ 52 97	30	30	53 00 $_6$	53 02 $_6$ 46 98	30
42	23 $_7$	25 $_7$ 75	18	57	18 $_6$	21 $_6$ 79	3
30	44	46 54	30	30	37	39 61	30
43	65 $_7$	67 $_7$ 33	17	58	55	58 42	2
30	86 $_7$	88 $_7$ 12	30	30	74 $_6$	76 $_6$ 24	30
44	48 07 $_7$	48 09 $_7$ 51 91	16	59	92 $_6$	94 $_6$ 06	1
30	28 $_7$	30 $_7$ 70	30	30	54 10 $_6$	54 13 $_6$ 45 87	30
45	8,48 48	8,48 51 1,51 49	15	2^0	8,54 28	8,54 31 1,45 69	0
	$l\cos \frac{d}{10''}$	$l\text{ctg} \frac{d}{10''} \, l\text{tg}$	″ ′		$l\cos \frac{d}{10''}$	$l\text{ctg} \frac{d}{10''} \, l\text{tg}$	″ ′

$l\sin = 9{,}9998$ **88^0**   **$l\sin = 9{,}9998$**

Treutlein, Logarithmen.

IV. Logarithmen der

2⁰

lcos α = 9,9997 (left side)   **lcos α = 9,9996** (right side)

′	lsin	d/10″	ltg	d/10″	lctg		′	lsin	d/10″	ltg	d/10″	lctg	
0	8,54 28		8,54 31		1,45 69		30	8,63 97		8,64 01		1,35 99	30
1	64		67		33	59	31	64 26		30		70	29
2	55 00	6	55 03	6	44 97	58	32	54	5	59	5	41	28
3	35	6	38	6	62	57	33	83	5	87	5	13	27
4	71	6	73	6	27	56	34	65 11	5	65 15	5	34 85	26
5	8,56 05		8,56 08		1,43 92	55	35	8,65 39		8,65 44		1,34 56	25
6	40		43		57	54	36	67		71		29	24
7	74	6	77	6	23	53	37	95	5	99	5	01	23
8	57 08	6	57 11	6	42 89	52	38	66 22	5	66 27	5	33 73	22
9	42	6	45	6	55	51	39	50	5	54	5	46	21
10	8,57 76		8,57 79		1,42 21	50	40	8,66 77		8,66 82		1,33 18	20
11	58 09		58 12		41 88	49	41	67 04		67 09		32 91	19
12	42	6	45	6	55	48	42	31	4	36	4	64	18
13	75	5	78	5	22	47	43	58	4	62	4	38	17
14	59 07	5	59 11	5	40 89	46	44	84	4	89	4	11	16
15	8,59 39		8,59 43		1,40 57	45	45	8,68 10		8,68 15		1,31 85	15
16	72		75		25	44	46	37		42		58	14
17	60 03	5	60 07	5	39 93	43	47	63	4	68	4	32	13
18	35	5	38	5	62	42	48	89	4	94	4	06	12
19	66	5	70	5	30	41	49	69 14	4	69 20	4	30 80	11
20	8,60 97		8,61 01		1,38 99	40	50	8,69 40		8,69 45		1,30 55	10
21	61 28		32		68	39	51	65	4	71	4	29	9
22	59	5	63	5	37	38	52	91	4	96	4	04	8
23	89	5	93	5	07	37	53	70 16	4	70 21	4	29 79	7
24	62 20	5	62 23	5	37 77	36	54	41	4	46	4	54	6
25	8,62 50		8,62 54		1,37 46	35	55	8,70 66		71		1,29 29	5
26	79		83		17	34	56	90		96		04	4
27	63 09	5	63 13	5	36 87	33	57	71 15	4	71 21	4	28 79	3
28	39	5	43	5	57	32	58	40	4	45	4	55	2
29	68	5	72	5	28	31	59	64	4	70	4	30	1
	lcos	d/10″	lctg	d/10″	ltg	′		lcos	d/10″	lctg	d/10″	ltg	′

lsin = 9,9996   **87⁰**   **lsin = 9,9994**

goniometrischen Funktionen. **3⁰**

$\mathfrak{l}\cos \alpha = 9{,}9994$ $\mathfrak{l}\cos \alpha = 9{,}9991$

′	$\mathfrak{l}\sin\ \ d_{20''}$	$\mathfrak{l}\text{tg}\ \ d_{20''}$	$\mathfrak{l}\text{ctg}$		′	$\mathfrak{l}\sin\ \ d_{20''}$	$\mathfrak{l}\text{tg}\ \ d_{20''}$	$\mathfrak{l}\text{ctg}$	
0	8,71 88	8,71 94	1,28 06		30	8,78 57	8,78 65	1,21 35	30
1	72 12 8	72 18 8	27 82	59	31	77 7	86 7	14	29
2	36 8	42 8	58	58	32	98 7	79 06 7	20 94	28
3	60 8	66 8	34	57	33	79 18 7	27 7	73	27
4	83	90	10	56	34	39	47	53	26
5	8,73 07	8,73 13	1,26 87	55	35	8,79 59	8,79 67	1,20 33	25
6	30	37 8	63	54	36	79 7	88 7	12	24
7	54 8	60 8	40	53	37	99 7	80 08 7	19 92	23
8	77 8	83 8	17	52	38	80 19 7	28 7	72	22
9	74 00 8	74 06 8	25 94	51	39	39	48	52	21
10	8,74 23	8,74 29	1,25 71	50	40	8,80 59	8,80 67	1,19 33	20
11	45	52 8	48	49	41	78 7	87 7	13	19
12	68 8	75 8	25	48	42	98 6	81 07 7	18 93	18
13	91 8	97 8	03	47	43	81 17 6	26 6	74	17
14	75 13 7	75 20 7	24 80	46	44	37	46	54	16
15	8,75 35	8,75 42	1,24 58	45	45	8,81 56	8,81 65	1,18 35	15
16	57	65 7	35	44	46	75 6	85 6	15	14
17	80 7	87 7	13	43	47	94 6	82 04 6	17 96	13
18	76 02 7	76 09 7	23 91	42	48	82 13 6	23 6	77	12
19	23 7	31 7	69	41	49	32	42	58	11
20	8,76 45	8,76 52	1,23 48	40	50	8,82 51	8,82 61	1,17 39	10
21	67 7	74 7	26	39	51	70 6	80 6	20	9
22	88 7	96 7	04	38	52	89 6	99 6	01	8
23	77 10 7	77 17 7	22 83	37	53	83 07 6	83 17 6	16 83	7
24	31	39	61	36	54	26	36	64	6
25	8,77 52	8,77 60	1,22 40	35	55	8,83 45	8,83 55	1,16 45	5
26	73	81 7	19	34	56	63 6	73 6	27	4
27	94 7	78 02 7	21 98	33	57	81 6	92 6	08	3
28	78 15 7	23 7	77	32	58	84 00 6	84 10 6	15 90	2
29	36 7	44 7	56	31	59	18	28	72	1
	$\mathfrak{l}\cos\ d_{20''}$	$\mathfrak{l}\text{ctg}\ d_{20''}$	$\mathfrak{l}\text{tg}$	′		$\mathfrak{l}\cos\ d_{20''}$	$\mathfrak{l}\text{ctg}\ d_{20''}$	$\mathfrak{l}\text{tg}$	′

$\mathfrak{l}\sin = 9{,}9992$ **86⁰** $\mathfrak{l}\sin = 9{,}9990$

IV. Logarithmen der

4⁰

*l*cos α = 9,9989   *l*cos α = 9,9986

′	*l*sin d/20″	*l*tg d/20″ *l*ctg		′	*l*sin d/20″	*l*tg d/20″ *l*ctg	
0	8,84 36	8,84 46 1,15 54		30	8,89 46	8,89 60 1,10 40	30
1	54 6	65 6 35	59	31	62 5	76 5 24	29
2	72 6	83 6 17	58	32	78 5	92 5 08	28
3	90 6	85 01 6 14 99	57	33	94 5	90 08 5 09 92	27
4	85 08	18 82	56	34	90 10	24 76	26
5	8,85 25	8,85 36 1,14 64	55	35	8,90 26	8,90 40 1,09 60	25
6	43 6	54 6 46	54	36	42 5	56 5 44	24
7	60 6	72 6 28	53	37	57 5	71 5 29	23
8	78 6	89 6 11	52	38	73 5	87 5 13	22
9	95	86 07 13 93	51	39	89	91 03 08 97	21
10	8,86 13	8,86 24 1,13 76	50	40	8,91 04	8,91 18 1,08 82	20
11	30 6	42 6 58	49	41	19 5	34 5 66	19
12	47 6	59 6 41	48	42	35 5	50 5 50	18
13	65 6	76 6 24	47	43	50 5	65 5 35	17
14	82	94 06	46	44	66	80 20	16
15	8,86 99	8,87 11 1,12 89	45	45	8,91 81	8,91 96 1,08 04	15
16	87 16 6	28 6 72	44	46	96 5	92 11 5 07 89	14
17	33 6	45 6 55	43	47	92 11 5	26 5 74	13
18	49 6	62 6 38	42	48	26 5	41 5 59	12
19	66	78 22	41	49	41	56 44	11
20	8,87 83	8,87 95 1,12 05	40	50	8,92 56	8,92 72 1,07 28	10
21	99	88 12 11 88	39	51	71 5	87 5 13	9
22	88 16 6	29 6 71	38	52	86 5	93 02 5 06 98	8
23	33 6	45 6 55	37	53	93 01 5	16 5 84	7
24	49 5	62 6 38	36	54	15	31 69	6
25	8,88 65	8,88 78 1,11 22	35	55	8,93 30	8,93 46 1,06 54	5
26	82 5	95 05	34	56	45 5	61 5 39	4
27	98 5	89 11 5 10 89	33	57	59 5	76 5 24	3
28	89 14 5	27 5 73	32	58	74 5	90 5 10	2
29	30	44 56	31	59	88	94 05 05 95	1
	*l*cos d/20″	*l*ctg d/20″ *l*tg	′		*l*cos d/20″	*l*ctg d/20″ *l*tg	′

*l*sin = 9,9987   **85⁰**   *l*sin = 9,9983

goniometrischen Funktionen. **5⁰**

ℓcos α = 9,9983 ℓcos α = 9,9980

′	ℓsin $\,^d_{20''}$	ℓtg $\,^d_{20''}$	ℓctg		′	ℓsin $\,^d_{20''}$	ℓtg $\,^d_{20''}$	ℓctg	
0	8,94 0<u>3</u>	8,94 <u>20</u>	1,05 80		30	8,98 16	8,98 36	1,01 64	30
1	17	34	<u>66</u>	59	31	2<u>9</u>	<u>49</u>	51	29
2	3<u>2</u> 5	<u>49</u> 5	51	58	32	4<u>2</u> 4	62 4	3<u>8</u>	28
3	46 5	6<u>3</u> 5	37	57	33	5<u>5</u> 4	75 4	2<u>5</u>	27
4	60 5	77 5	2<u>3</u>	56	34	6<u>8</u> 4	88 4	1<u>2</u>	26
5	8,94 <u>75</u>	8,94 92	1,05 08	55	35	8,98 8<u>1</u>	8,99 01	1,00 99	25
6	89	95 0<u>6</u>	04 94	54	36	9<u>4</u>	<u>15</u>	85	24
7	95 03 5	20 5	.8<u>0</u>	53	37	99 07 4	2<u>8</u> 4	72	23
8	<u>17</u> 5	34 5	<u>66</u>	52	38	19 4	40 4	6<u>0</u>	22
9	3<u>1</u> 5	4<u>9</u> 5	51	51	39	32 4	53	4<u>7</u>	21
10	8,95 4<u>5</u>	8,95 6<u>3</u>	1,04 37	50	40	8,99 4<u>5</u>	8,99 66	1,00 3<u>4</u>	20
11	5<u>9</u>	77	23	49	41	58	79	2<u>1</u>	19
12	7<u>3</u> 5	9<u>1</u> 5	09	48	42	70 4	9<u>2</u> 4	08	18
13	8<u>7</u> 5	96 0<u>5</u> 5	03 95	47	43	8<u>3</u> 4	9,00 0<u>5</u> 4	0,99 95	17
14	96 01 5	1<u>9</u> 5	81	46	44	9<u>6</u> 4	17	8<u>3</u>	16
15	8,96 14	8,96 3<u>3</u>	1,03 67	45	45	9,00 08	9,00 30	0,99 70	15
16	28	46	5<u>4</u>	44	46	2<u>1</u>	4<u>3</u>	57	14
17	4<u>2</u> 5	60 5	4<u>0</u>	43	47	33 4	55 4	4<u>5</u>	13
18	55 5	7<u>4</u> 5	26	42	48	4<u>6</u> 4	6<u>8</u> 4	32	12
19	6<u>9</u> 5	8<u>8</u> 5	12	41	49	58 4	80	2<u>0</u>	11
20	8,96 82	8,97 01	1,02 99	40	50	9,00 70	9,00 9<u>3</u>	0,99 07	10
21	9<u>6</u>	1<u>5</u>	85	39	51	8<u>3</u>	01 05	98 9<u>5</u>	9
22	97 09 5	2<u>9</u> 5	71	38	52	95 4	1<u>8</u> 4	82	8
23	2<u>3</u> 4	42 5	5<u>8</u>	37	53	01 07 4	30 4	7<u>0</u>	7
24	36 4	5<u>6</u> 5	44	36	54	2<u>0</u>	4<u>3</u> 4	57	6
25	8,97 5<u>0</u>	8,97 69	1,02 3<u>1</u>	35	55	9,01 3<u>2</u>	9,01 55	0,98 4<u>5</u>	5
26	6<u>3</u>	82	1<u>8</u>	34	56	4<u>4</u>	67	3<u>3</u>	4
27	76 4	9<u>6</u> 4	04	33	57	56 4	8<u>0</u> 4	20	3
28	89 4	98 09 4	01 9<u>1</u>	32	58	68 4	9<u>2</u> 4	08	2
29	98 0<u>3</u> 4	2<u>3</u> 4	77	31	59	.80 4	02 04 4	97 9<u>6</u>	1

| | ℓcos $\,^d_{20''}$ | ℓctg $\,^d_{20''}$ | ℓtg | ′ | | ℓcos $\,^d_{20''}$ | ℓctg $\,^d_{20''}$ | ℓtg | ′ |

ℓsin = 9,9980   **84⁰** ℓsin = 9,9976

IV. Logarithmen der

6°

$lcos\ \alpha = 9,9976$ $lcos\ \alpha = 9,9972$

,	$lsin\ \frac{d}{20''}$	$ltg\ \frac{d}{20''}\ lctg$		,	$lsin\ \frac{d}{20''}$	$ltg\ \frac{d}{20''}\ lctg$	
0	9,01 92	9,02 16 0,97 84		30	9,05 39	9,05 67 0,94 33	30
1	02 04	28 72	59	31	50	78 22	29
2	16 4	40 4 60	58	32	61 4	89 4 11	28
3	28 4	53 4 47	57	33	72 4	06 00 4 00	27
4	40 4	65 4 35	56	34	83 4	11 93 89	26
5	9,02 52	9,02 77 0,97 23	55	35	9,05 94	9,06 22 0,93 78	25
6	64	89 11	54	36	06 05	33 67	24
7	76 4	03 00 4 00	53	37	16 4	45 4 55	23
8	87 4	12 4 96 88	52	38	26 4	56 4 44	22
9	99 4	24 4 76	51	39	37 4	67 4 33	21
10	9,03 11	9,03 36 0,96 64	50	40	9,06 48	9,06 78 0,93 22	20
11	23	48 52	49	41	59	88 12	19
12	34 4	60 4 40	48	42	70 4	99 4 01	18
13	46 4	71 4 29	47	43	80 4	07 10 4 92 90	17
14	57 4	83 4 17	46	44	91 4	21 79	16
15	9,03 69	9,03 95 0,96 05	45	45	9,07 02	9,07 32 0,92 68	15
16	80	04 07 95 93	44	46	12	43 57	14
17	92 4	18 4 82	43	47	23 4	54 4 46	13
18	04 03 4	30 4 70	42	48	34 4	64 4 36	12
19	15 4	41 4 59	41	49	44 4	75 25	11
20	9,04 26	9,04 53 0,95 47	40	50	9,07 55	9,07 86 0,92 14	10
21	38	64 36	39	51	65	96 04	9
22	49 4	76 4 24	38	52	76 4	08 07 4 91 93	8
23	60 4	87 4 13	37	53	86 4	18 4 82	7
24	72 4	99 4 01	36	54	97 3	28 72	6
25	9,04 83	9,05 10 0,94 90	35	55	9,08 07	9,08 39 0,91 61	5
26	94	21 79	34	56	18 3	49 4 51	4
27	05 05 4	33 4 67	33	57	28 3	60 3 40	3
28	16 4	44 4 56	32	58	38 3	71 3 29	2
29	27 4	55 45	31	59	49	81 19	1
	$lcos\ \frac{d}{20''}$	$lctg\ \frac{d}{20''}\ ltg$	,		$lcos\ \frac{d}{20''}$	$lctg\ \frac{d}{20''}\ ltg$	,

$lsin = 9,9972$ **83°** $lsin = 9,9968$

goniometrischen Funktionen. **7⁰**

$\mathfrak{l}\cos = 9{,}9967$ $\qquad\qquad$ $\mathfrak{l}\cos = 9{,}9962$

,	$\mathfrak{l}\sin\ \ d_{20''}$	$\mathfrak{l}\text{tg}\ \ d_{20''}\ \mathfrak{l}\text{ctg}$			,	$\mathfrak{l}\sin\ \ d_{20''}$	$\mathfrak{l}\text{tg}\ \ d_{20''}\ \mathfrak{l}\text{ctg}$	
0	9,08 5̲9	9,08 91 0,91 0̲9		30	9,11 5̲7	9,11 94 0,88 0̲6	30
1	69 3	09 0̲2 3 90 9̲8	59	31	6̲7 3	12 0̲4 3 87 9̲6	29
2	79 3	12 3 8̲8	58	32	76 3	1̲4 3 86	28
3	9̲0 3	2̲3 3 77	57	33	8̲6 3	23 3 7̲7	27
4	09 0̲0	33 3 6̲7	56	34	95	33 6̲7	26
5	9,09 10	9,09 43 0,90 57	55	35	9,12 0̲5	9,12 4̲3 0,87 57	25
6	20	5̲4 3 4̲6	54	36	14	52 3 4̲8	24
7	30 3	6̲4 3 36	53	37	2̲4 3	62 3 3̲8	23
8	40 3	74 3 2̲6	52	38	33 3	7̲2 3 28	22
9	5̲1 3	84 3 1̲6	51	39	42 3	81 1̲9	21
10	9,09 6̲1	9,09 95 0,90 05	50	40	9,12 5̲2	9,12 9̲1 0,87 09	20
11	7̲1	10 0̲5 89 95	49	41	61 3	13 00 3 0̲0	19
12	8̲1 3	15 3 8̲5	48	42	7̲1 3	1̲0 3 86 90	18
13	9̲1 3	25 3 7̲5	47	43	8̲0 3	19 3 8̲1	17
14	10 01 3	35 3 6̲5	46	44	89 3	2̲9 3 71	16
15	9,10 1̲1	9,10 45 0,89 55	45	45	9,12 99	9,13 38 0,86 62	15
16	20	5̲6 4̲5	44	46	13 0̲8	4̲8 3 52	14
17	30 3	6̲6 3 34	43	47	17 3	57 3 4̲3	13
18	40 3	7̲6 3 24	42	48	26 3	6̲7 3 33	12
19	50 3	8̲6 3 14	41	49	3̲6 3	76 3 2̲4	11
20	9,10 6̲0	9,10 96 0,89 04	40	50	9,13 4̲5	9,13 85 0,86 1̲5	10
21	7̲0	11 0̲6 88 94	39	51	5̲4 3	9̲5 05	9
22	8̲0 3	1̲6 3 84	38	52	63 3	14,04 3 85 9̲6	8
23	89 3	25 3 7̲5	37	53	72 3	13 3 8̲7	7
24	99 3	35 3 6̲5	36	54	81	2̲3 3 77	6
25	9,11 0̲9	9,11 45 0,88 55	35	55	9,13 90	9,14 3̲2 0,85 68	5
26	18	55 4̲5	34	56	99 3	41 5̲9	4
27	28 3	6̲5 3 35	33	57	14 0̲9 3	50 3 5̲0	3
28	3̲8 3	7̲5 3 25	32	58	1̲8 3	60 3 40	2
29	47 3	8̲5 3 15	31	59	2̲7 3	6̲9 3 31	1
	$\mathfrak{l}\cos\ d_{20''}$	$\mathfrak{l}\text{ctg}\ d_{20''}\ \mathfrak{l}\text{tg}$	,		$\mathfrak{l}\cos\ d_{20''}$	$\mathfrak{l}\text{ctg}\ d_{20''}\ \mathfrak{l}\text{tg}$	,

$\mathfrak{l}\sin = 9{,}9963$ $\qquad\qquad$ **82⁰** $\qquad\qquad$ $\mathfrak{l}\sin = 9{,}9958$

IV. Logarithmen der

8⁰

*l*cos = 9,9957   *l*cos = 9,9951

′	*l*sin $\frac{d}{20''}$	*l*tg $\frac{d}{20''}$ *l*ctg		′	*l*sin $\frac{d}{20''}$	*l*tg $\frac{d}{20''}$ *l*ctg	
0	9,14 36		9,14 78 0,85 22		30	9,16 97		9,17 45 0,82 55	30
1	45	3	87 13	59	31	17 05	3	54 46	29
2	53	3	96 04	58	32	14	3	62 38	28
3	62	3	15 05 84 95	57	33	22	3	71 29	27
4	71	3	15 85	56	34	31	3	79 21	26
5	9,14 80		9,15 24 0,84 76	55	35	9,17 39		9,17 88 0,82 12	25
6	89		33 67	54	36	47	3	97 03	24
7	98	3	42 58	53	37	56	3	18 05 81 95	23
8	15 07	3	51 49	52	38	64	3	14 86	22
9	16	3	60 40	51	39	72	3	22 78	21
10	9,15 25		9,15 69 0,84 31	50	40	9,17 81		9,18 31 0,81 69	20
11	33		78 22	49	41	89		39 61	19
12	42	3	87 13	48	42	97	3	48 52	18
13	51	3	96 04	47	43	18 06	3	56 44	17
14	60	3	16 05 83 95	46	44	14	3	64 36	16
15	9,15 68		9,16 13 0,83 87	45	45	9,18 22		9,18 73 0,81 27	15
16	77		22 78	44	46	30		81 19	14
17	86	3	31 69	43	47	38	3	90 10	13
18	94	3	40 60	42	48	47	3	98 02	12
19	16 03	3	49 51	41	49	55	3	19 06 80 94	11
20	9,16 12		9,16 58 0,83 42	40	50	9,18 63		9,19 15 0,80 85	10
21	20		67 33	39	51	71		23 77	9
22	29	3	75 25	38	52	79	3	31 69	8
23	37	3	84 16	37	53	87	3	40 60	7
24	46	3	93 07	36	54	95	3	48 52	6
25	9,16 55		9,17 02 0,82 98	35	55	9,19 03		9,19 56 0,80 44	5
26	63		10 90	34	56	11		64 36	4
27	72	3	19 81	33	57	19	3	73 27	3
28	80	3	28 72	32	58	27	3	81 19	2
29	89	3	36 64	31	59	35	3	89 11	1
	*l*cos $\frac{d}{20''}$	*l*ctg $\frac{d}{20''}$ *l*tg	′		*l*cos $\frac{d}{20''}$	*l*ctg $\frac{d}{20''}$ *l*tg	′

*l*sin = 9,9952   **81⁰**   *l*sin = 9,9946

goniometrischen Funktionen. **9⁰**

$\mathfrak{l}\cos = 9{,}9946$ $\mathfrak{l}\cos = 9{,}9939$

′	$\mathfrak{l}\sin\ {}^d_{20''}$	$\mathfrak{l}\mathrm{tg}\ {}^d_{20''}\ \mathfrak{l}\mathrm{ctg}$		′	$\mathfrak{l}\sin\ {}^d_{20''}$	$\mathfrak{l}\mathrm{tg}\ {}^d_{20''}\ \mathfrak{l}\mathrm{ctg}$	
0	9,19 43	9,19 97	0,80 03	30	9,21 76	9,22 36	0,77 64	30
1	51	20 05	79 95	59	31	84	44	56	29
2	59 ₃	13 ₃	87	58	32	91 ₃	52 ₃	48	28
3	67 ₈	22 ₈	78	57	33	99 ₃	59 ₃	41	27
4	75 ₃	30 ₃	70	56	34	22 06	67	33	26
5	9,19 83	9,20 38	0,79 62	55	35	9,22 14	9,22 75	0,77 25	25
6	91	46	54	54	36	21	82	18	24
7	99 ₃	54 ₈	46	53	37	29 ₃	90 ₃	10	23
8	20 07 ₃	62 ₃	38	52	38	36 ₂	98 ₃	02	22
9	15 ₈	70 ₃	30	51	39	43 ₂	23 05	76 95	21
10	9,20 22	9,20 78	0,79 22	50	40	9,22 51	9,23 13	0,76 87	20
11	30	86	14	49	41	58	21	79	19
12	38 ₈	94 ₃	06	48	42	66 ₂	28 ₃	72	18
13	46 ₃	21 02 ₈	78 98	47	43	73 ₂	36 ₃	64	17
14	54 ₈	10	90	46	44	80 ₂	43	57	16
15	9,20 61	9,21 18	0,78 82	45	45	9,22 88	9,23 51	0,76 49	15
16	69	26	74	44	46	95	59	41	14
17	77 ₃	34 ₃	66	43	47	23 03 ₂	66 ₃	34	13
18	85 ₃	42 ₃	58	42	48	10 ₂	74 ₃	26	12
19	92 ₈	50 ₈	50	41	49	17 ₂	81 ₃	19	11
20	9,21 00	9,21 58	0,78 42	40	50	9,23 24	9,23 89	0,76 11	10
21	08	66	34	39	51	32	96	04	9
22	15 ₈	74 ₃	26	38	52	39 ₂	24 04 ₃	75 96	8
23	23 ₈	81 ₃	19	37	53	46 ₂	11 ₂	89	7
24	31 ₈	89	11	36	54	53 ₂	19 ₂	81	6
25	9,21 38	9,21 97	0,78 03	35	55	9,23 61	9,24 26	0,75 74	5
26	46	22 05	77 95	34	56	68	34	66	4
27	53 ₈	13 ₃	87	33	57	75 ₂	41 ₂	59	3
28	61 ₈	21 ₃	79	32	58	82 ₂	48 ₂	52	2
29	69 ₈	28 ₃	72	31	59	90 ₂	56 ₂	44	1
	$\mathfrak{l}\cos\ {}^d_{20''}$	$\mathfrak{l}\mathrm{ctg}\ {}^d_{20''}\ \mathfrak{l}\mathrm{tg}$	′		$\mathfrak{l}\cos\ {}^d_{20''}$	$\mathfrak{l}\mathrm{ctg}\ {}^d_{20''}\ \mathfrak{l}\mathrm{tg}$	′

$\mathfrak{l}\sin = 9{,}9940$ **80⁰** $\mathfrak{l}\sin = 9{,}9934$

Treutlein, Logarithmen.

10°   IV. Logarithmen der

′	$l\sin$	$l\mathrm{tg}$	$l\mathrm{ctg}$	$l\cos$		′	$l\sin$	$l\mathrm{tg}$	$l\mathrm{ctg}$	$l\cos$	
0	9,23 97	9,24 63	0,75 37	9,99 34		30	9,26 06	9,26 80	0,73 20	9,99 27	30
1	24 04	71	29	33	59	31	13	87	13	26	29
2	11	78	22	33	58	32	20	94	06	26	28
3	18	85	15	33	57	33	27	27 01	72 99	26	27
4	25	93	07	33	56	34	34	08	92	26	26
5	9,24 32	9,25 00	0,75 00	9,99 32	55	35	9,26 40	9,27 15	0,72 85	9,99 25	25
6	39	07	74 93	32	54	36	47	22	78	25	24
7	47	15	85	32	53	37	54	29	71	25	23
8	54	22	78	32	52	38	61	36	64	25	22
9	61	29	71	31	51	39	67	43	57	25	21
10	9,24 68	9,25 36	0,74 64	9,99 31	50	40	9,26 74	9,27 50	0,72 50	9,99 24	20
11	75	44	56	31	49	41	81	57	43	24	19
12	82	51	49	31	48	42	87	64	36	24	18
13	89	58	42	31	47	43	94	70	30	24	17
14	96	65	35	30	46	44	27 01	77	23	23	16
15	9,25 03	9,25 73	0,74 27	9,99 30	45	45	9,27 07	9,27 84	0,72 16	9,99 23	15
16	10	80	20	30	44	46	14	91	09	23	14
17	17	87	13	30	43	47	21	98	02	23	13
18	24	94	06	29	42	48	27	28 05	71 95	22	12
19	31	26 01	73 99	29	41	49	34	12	88	22	11
20	9,25 38	9,26 09	0,73 91	9,99 29	40	50	9,27 40	9,28 19	0,71 81	9,99 22	10
21	45	16	84	29	39	51	47	25	75	22	9
22	51	23	77	29	38	52	54	32	68	21	8
23	58	30	70	28	37	53	60	39	61	21	7
24	65	37	63	28	36	54	67	46	54	21	6
25	9,25 72	9,26 44	0,73 56	9,99 28	35	55	9,27 73	9,28 53	0,71 47	9,99 21	5
26	79	51	49	28	34	56	80	59	41	20	4
27	86	58	42	27	33	57	86	66	34	20	3
28	93	66	34	27	32	58	93	73	27	20	2
29	26 00	73	27	27	31	59	99	80	20	20	1
	$l\cos$	$l\mathrm{ctg}$	$l\mathrm{tg}$	$l\sin$	′		$l\cos$	$l\mathrm{ctg}$	$l\mathrm{tg}$	$l\sin$	′

79°

goniometrischen Funktionen. **11⁰**

′	*l*sin	*l*tg	*l*ctg	*l*cos		′	*l*sin	*l*tg	*l*ctg	*l*cos	
0	9,28 06	9,28 87	0,71 13	9,99 19		30	9,29 97	9,30 85	0,69 15	9,99 12	30
1	12	93	07	19	59	31	30 03	91	09	12	29
2	19	29 00	00	19	58	32	09	98	02	11	28
3	25	07	70 93	19	57	33	15	31 04	68 96	11	27
4	32	13	87	18	56	34	21	10	90	11	26
5	9,28 38	9,29 20	0,70 80	9,99 18	55	35	9,30 27	9,31 17	0,68 83	9,99 11	25
6	45	27	73	18	54	36	34	23	77	10	24
7	51	34	67	18	53	37	40	30	70	10	23
8	58	40	60	17	52	38	46	36	64	10	22
9	64	47	53	17	51	39	52	42	58	10	21
10	9,28 70	9,29 53	0,70 47	9,99 17	50	40	9,30 58	9,31 49	0,68 51	9,99 09	20
11	77	60	40	17	49	41	64	55	45	09	19
12	83	67	33	16	48	42	70	62	38	09	18
13	90	73	27	16	47	43	77	68	32	09	17
14	96	80	20	16	46	44	83	74	26	08	16
15	9,29 02	9,29 87	0,70 13	9,99 16	45	45	9,30 89	9,31 81	0,68 19	9,99 08	15
16	09	93	07	15	44	46	95	87	13	08	14
17	15	30 00	00	15	43	47	31 01	93	07	08	13
18	21	06	69 94	15	42	48	07	32 00	00	07	12
19	28	13	87	15	41	49	13	06	67 94	07	11
20	9,29 34	9,30 20	0,69 80	9,99 14	40	50	9,31 19	9,32 12	0,67 88	9,99 07	10
21	40	26	74	14	39	51	25	19	81	06	9
22	47	33	67	14	38	52	31	25	75	06	8
23	53	39	61	14	37	53	37	31	69	06	7
24	59	46	54	13	36	54	43	37	63	06	6
25	9,29 65	9,30 52	0,69 48	9,99 13	35	55	9,31 49	9,32 44	0,67 56	9,99 05	5
26	72	59	41	13	34	56	55	50	50	05	4
27	78	65	35	13	33	57	61	56	44	05	3
28	84	72	28	12	32	58	67	62	38	05	2
29	90	78	22	12	31	59	73	69	31	04	1
	*l*cos	*l*ctg	*l*tg	*l*sin	′		*l*cos	*l*ctg	*l*tg	*l*sin	′

78⁰

12°   IV. Logarithmen der

,	*l*sin	*l*tg	*l*ctg	*l*cos		,	*l*sin	*l*tg	*l*ctg	*l*cos	
0	9,31 7_9_	9,32 7_5_	0,67 2_5_	9,99 04		30	9,33 53	9,34 5_8_	0,65 4_2_	9,98 96	30
1	8_5_	8_1_	19	0_4_	59	31	59	6_4_	36	96	29
2	9_1_	87	1_3_	0_4_	58	32	6_5_	69	3_1_	95	28
3	9_7_	93	0_7_	0_3_	57	33	70	75	2_5_	95	27
4	32 02	33 0_0_	00	0_3_	56	34	76	81	1_9_	95	26
5	9,32 08	9,33 0_6_	0,66 94	9,99 0_3_	55	35	9,33 8_2_	9,34 87	0,65 1_3_	9,98 94	25
6	14	1_2_	88	02	54	36	87	93	0_7_	94	24
7	20	18	8_2_	02	53	37	93	99	0_1_	9_4_	23
8	26	24	7_6_	02	52	38	9_9_	35 05	64 95	9_4_	22
9	3_2_	30	7_0_	0_2_	51	39	34 04	11	89	93	21
10	9,32 3_8_	9,33 36	0,66 6_4_	9,99 01	50	40	9,34 1_0_	9,35 1_7_	0,64 83	9,98 93	20
11	4_4_	4_3_	57	01	49	41	1_6_	2_3_	77	9_3_	19
12	5_0_	4_9_	51	0_1_	48	42	21	2_9_	71	92	18
13	55	5_5_	45	0_1_	47	43	2_7_	3_5_	65	92	17
14	61	6_1_	39	00	46	44	32	4_1_	59	9_2_	16
15	9,32 67	9,33 67	0,66 3_3_	9,99 0_0_	45	45	9,34 38	9,35 46	0,64 5_4_	9,98 92	15
16	7_3_	73	2_7_	0_0_	44	46	4_4_	52	4_8_	91	14
17	7_9_	79	2_1_	98 99	43	47	49	58	4_2_	9_1_	13
18	84	85	1_5_	99	42	48	5_5_	6_4_	36	9_1_	12
19	90	91	0_9_	9_9_	41	49	60	7_0_	30	90	11
20	9,32 9_6_	9,33 97	0,66 0_3_	9,98 99	40	50	9,34 66	9,35 7_6_	0,64 24	9,98 90	10
21	33 02	34 03	65 9_7_	98	39	51	71	81	1_9_	90	9
22	0_8_	09	9_1_	98	38	52	7_7_	87	1_3_	9_0_	8
23	13	1_6_	84	98	37	53	82	93	0_7_	89	7
24	19	2_2_	78	97	36	54	8_8_	9_9_	01	8_9_	6
25	9,33 2_5_	9,34 28	0,65 72	9,98 97	35	55	9,34 93	9,36 0_5_	0,63 95	9,98 8_9_	5
26	3_1_	3_4_	66	9_7_	34	56	9_9_	1_1_	89	88	4
27	36	4_0_	60	9_7_	33	57	35 04	16	8_4_	88	3
28	4_2_	4_6_	54	96	32	58	1_0_	22	7_8_	8_8_	2
29	4_8_	5_2_	48	96	31	59	15	2_8_	72	8_8_	1
	*l*cos	*l*ctg	*l*tg	*l*sin	,		*l*cos	*l*ctg	*l*tg	*l*sin	,

77°

goniometrischen Funktionen. **13°**

′	ʟsin	ʟtg	ʟctg	ʟcos		′	ʟsin	ʟtg	ʟctg	ʟcos	
0	9,35 21	9,36 34	0,63 66	9,98 87		30	9,36 82	9,38 04	0,61 96	9,98 78	30
1	26	39	61	87	59	31	87	09	91	78	29
2	32	45	55	87	58	32	92	15	85	78	28
3	37	51	49	86	57	33	98	20	80	77	27
4	43	57	43	86	56	34	37 03	26	74	77	26
5	9,35 48	9,36 62	0,63 38	9,98 86	55	35	9,37 08	9,38 31	0,61 69	9,98 77	25
6	54	68	32	85	54	36	13	37	63	76	24
7	59	74	26	85	53	37	19	42	58	76	23
8	64	80	20	85	52	38	24	48	52	76	22
9	70	85	15	85	51	39	29	53	47	76	21
10	9,35 75	9,36 91	0,63 09	9,98 84	50	40	9,37 34	9,38 59	0,61 41	9,98 75	20
11	81	97	03	84	49	41	39	64	36	75	19
12	86	37 02	62 98	84	48	42	45	70	30	75	18
13	91	08	92	83	47	43	50	75	25	74	17
14	97	14	86	83	46	44	55	81	19	74	16
15	9,36 02	9,37 19	0,62 81	9,98 83	45	45	9,37 60	9,38 86	0,61 14	9,98 74	15
16	08	25	75	83	44	46	65	92	08	73	14
17	13	31	69	82	43	47	70	97	03	73	13
18	18	36	64	82	42	48	75	39 03	60 97	73	12
19	24	42	58	82	41	49	81	08	92	72	11
20	9,36 29	9,37 48	0,62 52	9,98 81	40	50	9,37 86	9,39 14	0,60 86	9,98 72	10
21	34	53	47	81	39	51	91	19	81	72	9
22	40	59	41	81	38	52	96	24	76	72	8
23	45	64	36	80	37	53	38 01	30	70	71	7
24	50	70	30	80	36	54	06	35	65	71	6
25	9,36 55	9,37 76	0,62 24	9,98 80	35	55	9,38 11	9,39 41	0,60 59	9,98 71	5
26	61	81	19	80	34	56	16	46	54	70	4
27	66	87	13	79	33	57	22	52	48	70	3
28	71	92	08	79	32	58	27	57	43	70	2
29	77	98	02	79	31	59	32	62	38	69	1
	ʟcos	ʟctg	ʟtg	ʟsin	′		ʟcos	ʟctg	ʟtg	ʟsin	′

76°

14° IV. Logarithmen der

′	ℓsin	ℓtg	ℓctg	ℓcos		′	ℓsin	ℓtg	ℓctg	ℓcos	
0	9,38 37	9,39 68	0,60 32	9,98 69		30	9,39 86	9,41 27	0,58 73	9,98 59	30
1	42	73	27	69	59	31	91	32	68	59	29
2	47	78	22	68	58	32	96	37	63	59	28
3	52	84	16	68	57	33	40 01	42	58	58	27
4	57	89	11	68	56	34	05	47	53	58	26
5	9,38 62	9,39 95	0,60 05	9,98 67	55	35	9,40 10	9,41 53	0,58 47	9,98 58	25
6	67	40 00	00	67	54	36	15	58	42	57	24
7	72	05	59 95	67	53	37	20	63	37	57	23
8	77	11	89	67	52	38	25	68	32	57	22
9	82	16	84	66	51	39	30	73	27	56	21
10	9,38 87	9,40 21	0,59 79	9,98 66	50	40	9,40 35	9,41 78	0,58 22	9,98 56	20
11	92	27	73	66	49	41	39	84	16	56	19
12	97	32	68	65	48	42	44	89	11	55	18
13	39 02	37	63	65	47	43	49	94	06	55	17
14	07	42	58	65	46	44	54	99	01	55	16
15	9,39 12	9,40 48	0,59 52	9,98 64	45	45	9,40 59	9,42 04	0,57 96	9,98 54	15
16	17	53	47	64	44	46	63	09	91	54	14
17	22	58	42	64	43	47	68	14	86	54	13
18	27	64	36	63	42	48	73	20	80	53	12
19	32	69	31	63	41	49	78	25	75	53	11
20	9,39 37	9,40 74	0,59 26	9,98 63	40	50	9,40 83	9,42 30	0,57 70	9,98 53	10
21	42	79	21	62	39	51	87	35	65	52	9
22	47	85	15	62	38	52	92	40	60	52	8
23	52	90	10	62	37	53	97	45	55	52	7
24	57	95	05	61	36	54	41 02	50	50	51	6
25	9,39 61	9,41 00	0,59 00	9,98 61	35	55	9,41 06	9,42 55	0,57 45	9,98 51	5
26	66	06	58 94	61	34	56	11	60	40	51	4
27	71	11	89	60	33	57	16	65	35	50	3
28	76	16	84	60	32	58	21	70	30	50	2
29	81	21	79	60	31	59	25	75	25	50	1
	ℓcos	ℓctg	ℓtg	ℓsin	′		ℓcos	ℓctg	ℓtg	ℓsin	′

75°

goniometrischen Funktionen. 15°

′	*l*sin	*l*tg	*l*ctg	*l*cos	
0	9,41 30	9,42 81	0,57 19	9,98 49	
1	35	86	14	49	59
2	39	91	09	49	58
3	44	96	04	48	57
4	49	43 01	56 99	48	56
5	9,41 53	9,43 06	0,56 94	9,98 48	55
6	58	11	89	47	54
7	63	16	84	47	53
8	68	21	79	47	52
9	72	26	74	46	51
10	9,41 77	9,43 31	0,56 69	9,98 46	50
11	81	36	64	46	49
12	86	41	59	45	48
13	91	46	54	45	47
14	95	51	49	45	46
15	9,42 00	9,43 56	0,56 44	9,98 44	45
16	05	61	39	44	44
17	09	66	34	44	43
18	14	71	29	43	42
19	19	76	24	43	41
20	9,42 23	9,43 81	0,56 19	9,98 43	40
21	28	86	14	42	39
22	32	90	10	42	38
23	37	95	05	42	37
24	42	44 00	00	41	36
25	9,42 46	9,44 05	0,55 95	9,98 41	35
26	51	10	90	41	34
27	55	15	85	40	33
28	60	20	80	40	32
29	64	25	75	39	31
	*l*cos	*l*ctg	*l*tg	*l*sin	′

′	*l*sin	*l*tg	*l*ctg	*l*cos	
30	9,42 69	9,44 30	0,55 70	9,98 39	30
31	74	35	65	39	29
32	78	40	60	38	28
33	83	45	55	38	27
34	87	49	51	38	26
35	9,42 92	9,44 54	0,55 46	9,98 37	25
36	96	59	41	37	24
37	43 01	64	36	37	23
38	05	69	31	36	22
39	10	74	26	36	21
40	9,43 14	9,44 79	0,55 21	9,98 36	20
41	19	84	16	35	19
42	23	88	12	35	18
43	28	93	07	35	17
44	32	98	02	34	16
45	9,43 37	9,45 03	0,54 97	9,98 34	15
46	41	08	92	33	14
47	46	13	87	33	13
48	50	17	83	33	12
49	55	22	78	32	11
50	9,43 59	9,45 27	0,54 73	9,98 32	10
51	64	32	68	32	9
52	68	37	63	31	8
53	72	41	59	31	7
54	77	46	54	31	6
55	9,43 81	9,45 51	0,54 49	9,98 30	5
56	86	56	44	30	4
57	90	61	39	30	3
58	95	65	35	29	2
59	99	70	30	29	1
	*l*cos	*l*ctg	*l*tg	*l*sin	′

74°

16°   IV. Logarithmen der

′	*l*sin	*l*tg	*l*ctg	*l*cos		′	*l*sin	*l*tg	*l*ctg	*l*cos	
0	9,44 03	9,45 75	0,54 25	9,98 28		30	9,45 33	9,47 16	0,52 84	9,98 17	30
1	08	80	20	28	59	31	38	21	79	17	29
2	12	84	16	28	58	32	42	25	75	17	28
3	17	89	11	27	57	33	46	30	70	16	27
4	21	94	06	27	56	34	50	35	65	16	26
5	9,44 25	9,45 99	0,54 01	9,98 27	55	35	9,45 55	9,47 39	0,52 61	9,98 15	25
6	30	46 03	53 97	26	54	36	59	44	56	15	24
7	34	08	92	26	53	37	63	48	52	15	23
8	38	13	87	26	52	38	67	53	47	14	22
9	43	18	82	25	51	39	72	58	42	14	21
10	9,44 47	9,46 22	0,53 78	9,98 25	50	40	9,45 76	9,47 62	0,52 38	9,98 14	20
11	52	27	73	24	49	41	80	67	33	13	19
12	56	32	68	24	48	42	84	71	29	13	18
13	60	37	63	24	47	43	88	76	24	12	17
14	65	41	59	23	46	44	93	81	19	12	16
15	9,44 69	9,46 46	0,53 54	9,98 23	45	45	9,45 97	9,47 85	0,52 15	9,98 12	15
16	73	51	49	23	44	46	46 01	90	10	11	14
17	78	55	45	22	43	47	05	94	06	11	13
18	82	60	40	22	42	48	09	99	01	11	12
19	86	65	35	21	41	49	14	48 03	51 97	10	11
20	9,44 91	9,46 69	0,53 31	9,98 21	40	50	9,46 18	9,48 08	0,51 92	9,98 10	10
21	95	74	26	21	39	51	22	13	87	09	9
22	99	79	21	20	38	52	26	17	83	09	8
23	45 03	83	17	20	37	53	30	22	78	09	7
24	08	88	12	20	36	54	34	26	74	08	6
25	9,45 12	9,46 93	0,53 07	9,98 19	35	55	9,46 39	9,48 31	0,51 69	9,98 08	5
26	16	97	03	19	34	56	43	35	65	08	4
27	21	47 02	52 98	18	33	57	47	40	60	07	3
28	25	07	93	18	32	58	51	44	56	07	2
29	29	11	89	18	31	59	55	49	51	06	1
	*l*cos	*l*ctg	*l*tg	*l*sin	′		*l*cos	*l*ctg	*l*tg	*l*sin	′

73°

goniometrischen Funktionen. **17⁰**

′	₍sin	₍tg	₍ctg	₍cos		′	₍sin	₍tg	₍ctg	₍cos	
0	9,46 59	9,48 53	0,51 47	9,98 06		30	9,47 81	9,49 87	0,50 13	9,97 94	30
1	63	58	42	06	59	31	85	92	08	94	29
2	68	62	38	05	58	32	89	96	04	93	28
3	72	67	33	05	57	33	93	50 00	00	93	27
4	76	71	29	04	56	34	97	05	49 95	93	26
5	9,46 80	9,48 76	0,51 24	9,98 04	55	35	9,48 01	9,50 09	0,49 91	9,97 92	25
6	84	80	20	04	54	36	05	14	86	92	24
7	88	85	15	03	53	37	09	18	82	91	23
8	92	89	11	03	52	38	13	22	78	91	22
9	96	94	06	02	51	39	17	27	73	91	21
10	9,47 00	9,48 98	0,51 02	9,98 02	50	40	9,48 21	9,50 31	0,49 69	9,97 90	20
11	05	49 03	50 97	02	49	41	25	35	65	90	19
12	09	07	93	01	48	42	29	40	60	89	18
13	13	12	88	01	47	43	33	44	56	89	17
14	17	16	84	01	46	44	37	49	51	89	16
15	9,47 21	9,49 21	0,50 79	9,98 00	45	45	9,48 41	9,50 53	0,49 47	9,97 88	15
16	25	25	75	00	44	46	45	57	43	88	14
17	29	30	70	97 99	43	47	49	62	38	87	13
18	33	34	66	99	42	48	53	66	34	87	12
19	37	39	61	99	41	49	57	70	30	87	11
20	9,47 41	9,49 43	0,50 57	9,97 98	40	50	9,48 61	9,50 75	0,49 25	9,97 86	10
21	45	47	53	98	39	51	65	79	21	86	9
22	49	52	48	97	38	52	69	83	17	85	8
23	53	56	44	97	37	53	73	88	12	85	7
24	57	61	39	97	36	54	76	92	08	85	6
25	9,47 61	9,49 65	0,50 35	9,97 96	35	55	9,48 80	9,50 96	0,49 04	9,97 84	5
26	65	70	30	96	34	56	84	51 01	48 99	84	4
27	69	74	26	95	33	57	88	05	95	83	3
28	73	78	22	95	32	58	92	09	91	83	2
29	77	83	17	95	31	59	96	13	87	82	1
	₍cos	₍ctg	₍tg	₍sin	′		₍cos	₍ctg	₍tg	₍sin	′

72⁰

18°   IV. Logarithmen der

′	∤sin	∤tg	∤ctg	∤cos		′	∤sin	∤tg	∤ctg	∤cos	
0	9,49 00	9,51 18	0,48 82	9,97 82		30	9,50 15	9,52 45	0,47 55	9,97 70	30
1	04	22	78	82	59	31	19	49	51	69	29
2	08	26	74	81	58	32	22	54	46	69	28
3	11	31	69	81	57	33	26	58	42	68	27
4	15	35	65	80	56	34	30	62	38	68	26
5	9,49 19	9,51 39	0,48 61	9,97 80	55	35	9,50 34	9,52 66	0,47 34	9,97 67	25
6	23	43	57	80	54	36	37	70	30	67	24
7	27	48	52	79	53	37	41	75	25	67	23
8	31	52	48	79	52	38	45	79	21	66	22
9	35	56	44	78	51	39	49	83	17	66	21
10	9,49 39	9,51 61	0,48 39	9,97 78	50	40	9,50 52	9,52 87	0,47 13	9,97 65	20
11	42	65	35	78	49	41	56	91	09	65	19
12	46	69	31	77	48	42	60	95	05	64	18
13	50	73	27	77	47	43	64	53 00	00	64	17
14	54	78	22	76	46	44	67	04	46 96	64	16
15	9,49 58	9,51 82	0,48 18	9,97 76	45	45	9,50 71	9,53 08	0,46 92	9,97 63	15
16	62	86	14	75	44	46	75	12	88	63	14
17	65	90	10	75	43	47	78	16	84	62	13
18	69	95	05	75	42	48	82	20	80	62	12
19	73	99	01	74	41	49	86	24	76	61	11
20	9,49 77	9,52 03	0,47 97	9,97 74	40	50	9,50 90	9,53 29	0,46 71	9,97 61	10
21	81	07	93	73	39	51	93	33	67	61	9
22	84	12	88	73	38	52	97	37	63	60	8
23	88	16	84	73	37	53	51 01	41	59	60	7
24	92	20	80	72	36	54	04	45	55	59	6
25	9,49 96	9,52 24	0,47 76	9,97 72	35	55	9,51 08	9,53 49	0,46 51	9,97 59	5
26	50 00	28	72	71	34	56	12	53	47	58	4
27	03	33	67	71	33	57	15	57	43	58	3
28	07	37	63	70	32	58	19	62	38	58	2
29	11	41	59	70	31	59	23	66	34	57	1
	∤cos	∤ctg	∤tg	∤sin	′		∤cos	∤ctg	∤tg	∤sin	′

71°

goniometrischen Funktionen. **19⁰**

′	ₗsin	ₗtg	ₗctg	ₗcos		′	ₗsin	ₗtg	ₗctg	ₗcos	
0	9,51 26	9,53 70	0,46 30	9,97 57		30	9,52 35	9,54 91	0,45 09	9,97 43	30
1	30	74	26	56	59	31	39	96	04	43	29
2	34	78	22	56	58	32	42	55 00	00	43	28
3	37	82	18	55	57	33	46	04	44 96	42	27
4	41	86	14	55	56	34	49	08	92	42	26
5	9,51 45	9,53 90	0,46 10	9,97 55	55	35	9,52 53	9,55 12	0,44 88	9,97 41	25
6	48	94	06	54	54	36	56	16	84	41	24
7	52	98	02	54	53	37	60	20	80	40	23
8	56	54 02	45 98	53	52	38	63	24	76	40	22
9	59	07	93	53	51	39	67	28	72	39	21
10	9,51 63	9,54 11	0,45 89	9,97 52	50	40	9,52 70	9,55 31	0,44 69	9,97 39	20
11	67	15	85	52	49	41	74	35	65	39	19
12	70	19	81	51	48	42	78	39	61	38	18
13	74	23	77	51	47	43	81	43	57	38	17
14	77	27	73	51	46	44	85	47	53	37	16
15	9,51 81	9,54 31	0,45 69	9,97 50	45	45	9,52 88	9,55 51	0,44 49	9,97 37	15
16	85	35	65	50	44	46	92	55	45	36	14
17	88	39	61	49	43	47	95	59	41	36	13
18	92	43	57	49	42	48	99	63	37	35	12
19	96	47	53	48	41	49	53 02	67	33	35	11
20	9,51 99	9,54 51	0,45 49	9,97 48	40	50	9,53 06	9,55 71	0,44 29	9,97 34	10
21	52 03	55	45	47	39	51	09	75	25	34	9
22	06	59	41	47	38	52	13	79	21	34	8
23	10	63	37	47	37	53	16	83	17	33	7
24	13	67	33	46	36	54	20	87	13	33	6
25	9,52 17	9,54 71	0,45 29	9,97 46	35	55	9,53 23	9,55 91	0,44 09	9,97 32	5
26	21	75	25	45	34	56	27	95	05	32	4
27	24	79	21	45	33	57	30	99	01	31	3
28	28	83	17	44	32	58	34	56 03	43 97	31	2
29	31	87	13	44	31	59	37	07	93	30	1
	ₗcos	ₗctg	ₗtg	ₗsin	′		ₗcos	ₗctg	ₗtg	ₗsin	′

70⁰

20° IV. Logarithmen der

′	ɭsin	ɭtg	ɭctg	ɭcos		′	ɭsin	ɭtg	ɭctg	ɭcos	
0	9,53 41	9,56 11	0,43 89	9,97 30		30	9,54 43	9,57 27	0,42 73	9,97 16	30
1	44	15	85	29	59	31	47	31	69	15	29
2	47	19	81	29	58	32	50	35	65	15	28
3	51	22	78	28	57	33	53	39	61	14	27
4	54	26	74	28	56	34	57	43	57	14	26
5	9,53 58	9,56 30	0,43 70	9,97 28	55	35	9,54 60	9,57 47	0,42 53	9,97 14	25
6	61	34	66	27	54	36	63	50	50	13	24
7	65	38	62	27	53	37	67	54	46	13	23
8	68	42	58	26	52	38	70	58	42	12	22
9	72	46	54	26	51	39	74	62	38	12	21
10	9,53 75	9,56 50	0,43 50	9,97 25	50	40	9,54 77	9,57 66	0,42 34	9,97 11	20
11	79	54	46	25	49	41	80	70	30	11	19
12	82	58	42	24	48	42	84	73	27	10	18
13	85	62	38	24	47	43	87	77	23	10	17
14	89	65	35	23	46	44	90	81	19	09	16
15	9,53 92	9,56 69	0,43 31	9,97 23	45	45	9,54 94	9,57 85	0,42 15	9,97 09	15
16	96	73	27	22	44	46	97	89	11	08	14
17	99	77	23	22	43	47	55 00	92	08	08	13
18	54 02	81	19	22	42	48	04	96	04	07	12
19	06	85	15	21	41	49	07	58 00	00	07	11
20	9,54 09	9,56 89	0,43 11	9,97 21	40	50	9,55 10	9,58 04	0,41 96	9,97 06	10
21	13	93	07	20	39	51	14	08	92	06	9
22	16	96	04	20	38	52	17	11	89	05	8
23	20	57 00	00	19	37	53	20	15	85	05	7
24	23	04	42 96	19	36	54	23	19	81	04	6
25	9,54 26	9,57 08	0,42 92	9,97 18	35	55	9,55 27	9,58 23	0,41 77	9,97 04	5
26	30	12	88	18	34	56	30	27	73	03	4
27	33	16	84	17	33	57	33	30	70	03	3
28	36	20	80	17	32	58	37	34	66	02	2
29	40	24	76	16	31	59	40	38	62	02	1
	ɭcos	ɭctg	ɭtg	ɭsin	′		ɭcos	ɭctg	ɭtg	ɭsin	′

69°

goniometrischen Funktionen. **21⁰**

′	$l$sin	$l$tg	$l$ctg	$l$cos		′	$l$sin	$l$tg	$l$ctg	$l$cos	
0	9,55 43	9,58 42	0,41 58	9,97 02		30	9,56 41	9,59 54	0,40 46	9,96 87	30
1	47	46	54	01	59	31	44	58	42	86	29
2	50	49	51	01	58	32	47	61	39	86	28
3	53	53	47	00	57	33	50	65	35	85	27
4	56	57	43	00	56	34	54	69	31	85	26
5	9,55 60	9,58 61	0,41 39	9,96 99	55	35	9,56 57	9,59 72	0,40 28	9,96 84	25
6	63	64	36	99	54	36	60	76	24	84	24
7	66	68	32	98	53	37	63	80	20	83	23
8	70	72	28	98	52	38	66	84	16	83	22
9	73	76	24	97	51	39	70	87	13	82	21
10	9,55 76	9,58 79	0,41 21	9,96 97	50	40	9,56 73	9,59 91	0,40 09	9,96 82	20
11	79	83	17	96	49	41	76	95	05	81	19
12	83	87	13	96	48	42	79	98	02	81	18
13	86	91	09	95	47	43	82	60 02	39 98	80	17
14	89	94	06	95	46	44	85	06	94	80	16
15	9,55 92	9,58 98	0,41 02	9,96 94	45	45	9,56 89	9,60 09	0,39 91	9,96 79	15
16	96	59 02	40 98	94	44	46	92	13	87	79	14
17	99	06	94	93	43	47	95	17	83	78	13
18	56 02	09	91	93	42	48	98	20	80	78	12
19	05	13	87	92	41	49	57 01	24	76	77	11
20	9,56 09	9,59 17	0,40 83	9,96 92	40	50	9,57 04	9,60 28	0,39 72	9,96 77	10
21	12	21	79	91	39	51	08	31	69	76	9
22	15	24	76	91	38	52	11	35	65	76	8
23	18	28	72	90	37	53	14	39	61	75	7
24	21	32	68	90	36	54	17	42	58	75	6
25	9,56 25	9,59 35	0,40 65	9,96 89	35	55	9,57 20	9,60 46	0,39 54	9,96 74	5
26	28	39	61	89	34	56	23	50	50	74	4
27	31	43	57	88	33	57	26	53	47	73	3
28	34	47	53	88	32	58	29	57	43	73	2
29	38	50	50	87	31	59	33	60	40	72	1
	$l$cos	$l$ctg	$l$tg	$l$sin	′		$l$cos	$l$ctg	$l$tg	$l$sin	′

68⁰

22⁰ IV. Logarithmen der

′	*l*sin	*l*tg	*l*ctg	*l*cos		′	*l*sin	*l*tg	*l*ctg	*l*cos	
0	9,57 36	9,60 64	0,39 36	9.96 72		30	9,58 28	9,61 72	0,38 28	9,96 56	30
1	39	68	32	71	59	31	31	76	24	56	29
2	42	71	29	71	58	32	34	79	21	55	28
3	45	75	25	70	57	33	38	83	17	55	27
4	48	79	21	70	56	34	41	87	13	54	26
5	9,57 51	9,60 82	0,39 18	9,96 69	55	35	9,58 44	9,61 90	0,38 10	9,96 54	25
6	54	86	14	69	54	36	47	94	06	53	24
7	58	90	10	68	53	37	50	97	03	52	23
8	61	93	07	68	52	38	53	62 01	37 99	52	22
9	64	97	03	67	51	39	56	04	96	51	21
10	9,57 67	9,61 00	0,39 00	9,96 67	50	40	9,58 59	9,62 08	0,37 92	9,96 51	20
11	70	04	38 96	66	49	41	62	11	89	50	19
12	73	08	92	66	48	42	65	15	85	50	18
13	76	11	89	65	47	43	68	19	81	49	17
14	79	15	85	64	46	44	71	22	78	49	16
15	9,57 82	9,61 18	0,38 82	9,96 64	45	45	9,58 74	9,62 26	0,37 74	9,96 48	15
16	85	22	78	63	44	46	77	29	71	48	14
17	89	26	74	63	43	47	80	33	67	47	13
18	92	29	71	62	42	48	83	36	64	47	12
19	95	33	67	62	41	49	86	40	60	46	11
20	9,57 98	9,61 36	0,38 64	9,96 61	40	50	9,58 89	9,62 43	0,37 57	9,96 46	10
21	58 01	40	60	61	39	51	92	47	53	45	9
22	04	44	56	60	38	52	95	50	50	45	8
23	07	47	53	60	37	53	98	54	46	44	7
24	10	51	49	59	36	54	59 01	57	43	43	6
25	9,58 13	9,61 54	0,38 46	9,96 59	35	55	9,59 04	9,62 61	0,37 39	9,96 43	5
26	16	58	42	58	34	56	07	64	36	42	4
27	19	62	38	58	33	57	10	68	32	42	3
28	22	65	35	57	32	58	13	71	29	41	2
29	25	69	31	57	31	59	16	75	25	41	1
	*l*cos	*l*ctg	*l*tg	*l*sin	′		*l*cos	*l*ctg	*l*tg	*l*sin	′

67⁰

goniometrischen Funktionen. **23°**

′	$l\sin$	$l\text{tg}$	$l\text{ctg}$	$l\cos$		′	$l\sin$	$l\text{tg}$	$l\text{ctg}$	$l\cos$	
0	9,59 19	9,62 79	0,37 21	9,96 40		30	9.60 07	9,63 83	0,36 17	9,96 24	30
1	22	82	18	40	59	31	10	86	14	23	29
2	25	86	14	39	58	32	13	90	10	23	28
3	28	89	11	39	57	33	16	93	07	22	27
4	31	93	07	38	56	34	19	97	03	22	26
5	9,59 34	9,62 96	0,37 04	9,96 38	55	35	9,60 21	9,64 00	0,36 00	9,96 21	25
6	37	63 00	00	37	54	36	24	04	35 96	21	24
7	40	03	36 97	36	53	37	27	07	93	20	23
8	43	07	93	36	52	38	30	11	89	20	22
9	45	10	90	35	51	39	33	14	86	19	21
10	9,59 48	9,63 14	0,36 86	9,96 35	50	40	9,60 36	9,64 17	0,35 83	9,96 18	20
11	51	17	83	34	49	41	39	21	79	18	19
12	54	21	79	34	48	42	42	24	76	17	18
13	57	24	76	33	47	43	45	28	72	17	17
14	60	28	72	33	46	44	47	31	69	16	16
15	9,59 63	9,63 31	0,36 69	9,96 32	45	45	9,60 50	9,64 35	0,35 65	9,96 16	15
16	66	34	66	32	44	46	53	38	62	15	14
17	69	38	62	31	43	47	56	41	59	15	13
18	72	41	59	31	42	48	59	45	55	14	12
19	75	45	55	30	41	49	62	48	52	13	11
20	9,59 78	9,63 48	0,36 52	9,96 29	40	50	9,60 65	9,64 52	0,35 48	9,96 13	10
21	81	52	48	29	39	51	68	55	45	12	9
22	84	55	45	28	38	52	70	59	41	12	8
23	87	59	41	28	37	53	73	62	38	11	7
24	90	62	38	27	36	54	76	65	35	11	6
25	9,59 92	9,63 66	0,36 34	9,96 27	35	55	9,60 79	9,64 69	0,35 31	9,96 10	5
26	95	69	31	26	34	56	82	72	28	10	4
27	98	73	27	26	33	57	85	76	24	09	3
28	60 01	76	24	25	32	58	87	79	21	08	2
29	04	80	20	25	31	59	90	82	18	08	1
	$l\cos$	$l\text{ctg}$	$l\text{tg}$	$l\sin$	′		$l\cos$	$l\text{ctg}$	$l\text{tg}$	$l\sin$	′

66°

24⁰   IV. Logarithmen der

′	*l*sin	*l*tg	*l*ctg	*l*cos		′	*l*sin	*l*tg	*l*ctg	*l*cos	
0	9,60 93	9,64 86	0,35 14	9,96 07		30	9,61 77	9,65 87	0,34 13	9,95 90	30
1	96	89	11	07	59	31	80	90	10	90	29
2	99	93	07	06	58	32	83	94	06	89	28
3	61 02	96	04	06	57	33	86	97	03	88	27
4	04	99	01	05	56	34	88	66 00	00	88	26
5	9,61 07	9,65 03	0,34 97	9,96 04	55	35	9,61 91	9,66 04	0,33 96	9,95 87	25
6	10	06	94	04	54	36	94	07	93	87	24
7	13	10	90	03	53	37	97	10	90	86	23
8	16	13	87	03	52	38	99	14	86	86	22
9	19	16	84	02	51	39	62 02	17	83	85	21
10	9,61 21	9,65 20	0,34 80	9,96 02	50	40	9,62 05	9,66 20	0,33 80	9,95 84	20
11	24	23	77	01	49	41	08	24	76	84	19
12	27	27	73	01	48	42	10	27	73	83	18
13	30	30	70	00	47	43	13	30	70	83	17
14	33	33	67	95 99	46	44	16	34	66	82	16
15	9,61 35	9,65 37	0,34 63	9,95 99	45	45	9,62 19	9,66 37	0,33 63	9,95 82	15
16	38	40	60	98	44	46	21	40	60	81	14
17	41	43	57	98	43	47	24	44	56	80	13
18	44	47	53	97	42	48	27	47	53	80	12
19	47	50	50	97	41	49	30	50	50	79	11
20	9,61 49	9,65 53	0,34 47	9,95 96	40	50	9,62 32	9,66 54	0,33 46	9,95 79	10
21	52	57	43	95	39	51	35	57	43	78	9
22	55	60	40	95	38	52	38	60	40	77	8
23	58	64	36	94	37	53	40	64	36	77	7
24	61	67	33	94	36	54	43	67	33	76	6
25	9,61 63	9,65 70	0,34 30	9,95 93	35	55	9,62 46	9,66 70	0,33 30	9,95 76	5
26	66	74	26	93	34	56	49	74	26	75	4
27	69	77	23	92	33	57	51	77	23	75	3
28	72	80	20	91	32	58	54	80	20	74	2
29	74	84	16	91	31	59	57	83	17	73	1
	*l*cos	*l*ctg	*l*tg	*l*sin	′		*l*cos	*l*ctg	*l*tg	*l*sin	′

65⁰

goniometrischen Funktionen. 25°

′	*l*sin	*l*tg	*l*ctg	*l*cos		′	*l*sin	*l*tg	*l*ctg	*l*cos	
0	9,62 59	9,66 87	0,33 13	9,95 73		30	9,63 40	9,67 85	0,32 15	9,95 55	30
1	62	90	10	72	59	31	42	88	12	54	29
2	65	93	07	72	58	32	45	91	09	54	28
3	68	97	03	71	57	33	48	95	05	53	27
4	70	67 00	00	70	56	34	50	98	02	52	26
5	9,62 73	9,67 03	0,32 97	9,95 70	55	35	9,63 53	9,68 01	0,31 99	9,95 52	25
6	76	06	94	69	54	36	56	04	96	51	24
7	78	10	90	69	53	37	58	08	92	51	23
8	81	13	87	68	52	38	61	11	89	50	22
9	84	16	84	67	51	39	64	14	86	49	21
10	9,62 86	9,67 20	0,32 80	9,95 67	50	40	9,63 66	9,68 17	0,31 83	9,95 49	20
11	89	23	77	66	49	41	69	21	79	48	19
12	92	26	74	66	48	42	71	24	76	48	18
13	95	29	71	65	47	43	74	27	73	47	17
14	97	33	67	64	46	44	77	30	70	46	16
15	9,63 00	9,67 36	0,32 64	9,95 64	45	45	9,63 79	9,68 34	0,31 66	9,95 46	15
16	03	39	61	63	44	46	82	37	63	45	14
17	05	43	57	63	43	47	85	40	60	45	13
18	08	46	54	62	42	48	87	43	57	44	12
19	11	49	51	61	41	49	90	46	54	43	11
20	9,63 13	9,67 52	0,32 48	9,95 61	40	50	9,63 92	9,68 50	0,31 50	9,95 43	10
21	16	56	44	60	39	51	95	53	47	42	9
22	19	59	41	60	38	52	98	56	44	42	8
23	21	62	38	59	37	53	64 00	59	41	41	7
24	24	65	35	58	36	54	03	63	37	40	6
25	9,63 27	9,67 69	0,32 31	9,95 58	35	55	9,64 05	9,68 66	0,31 34	9,95 40	5
26	29	72	28	57	34	56	08	69	31	39	4
27	32	75	25	57	33	57	11	72	28	38	3
28	35	78	22	56	32	58	13	75	25	38	2
29	37	82	18	55	31	59	16	79	21	37	1
	*l*cos	*l*ctg	*l*tg	*l*sin	′		*l*cos	*l*ctg	*l*tg	*l*sin	′

64°

26⁰   IV. Logarithmen der

′	*l*sin	*l*tg	*l*ctg	*l*cos		′	*l*sin	*l*tg	*l*ctg	*l*cos	
0	9,64 18	9,68 82	0,31 18	9,95 37		30	9,64 95	9,69 77	0,30 23	9,95 18	30
1	21	85	15	36	59	31	98	81	19	17	29
2	24	88	12	35	58	32	65 00	84	16	17	28
3	26	91	09	35	57	33	03	87	13	16	27
4	29	95	05	34	56	34	05	90	10	15	26
5	9,64 31	9,68 98	0,31 02	9,95 34	55	35	9,65 08	9,69 93	0,30 07	9,95 15	25
6	34	69 01	30 99	33	54	36	10	96	04	14	24
7	37	04	96	32	53	37	13	99	01	13	23
8	39	07	93	32	52	38	15	70 03	29 97	13	22
9	42	11	89	31	51	39	18	06	94	12	21
10	9,64 44	9,69 14	0,30 86	9,95 30	50	40	9,65 21	9,70 09	0,29 91	9,95 12	20
11	47	17	83	30	49	41	23	12	88	11	19
12	49	20	80	29	48	42	26	15	85	10	18
13	52	23	77	29	47	43	28	18	82	10	17
14	54	27	73	28	46	44	31	22	78	09	16
15	9,64 57	9,69 30	0,30 70	9,95 27	45	45	9,65 33	9,70 25	0,29 75	9,95 08	15
16	60	33	67	27	44	46	36	28	72	08	14
17	62	36	64	26	43	47	38	31	69	07	13
18	65	39	61	25	42	48	41	34	66	07	12
19	67	42	58	25	41	49	43	37	63	06	11
20	9,64 70	9,69 46	0,30 54	9,95 24	40	50	9,65 46	9,70 40	0,29 60	9,95 05	10
21	72	49	51	24	39	51	48	43	57	05	9
22	75	52	48	23	38	52	51	47	53	04	8
23	77	55	45	22	37	53	53	50	50	03	7
24	80	58	42	22	36	54	56	53	47	03	6
25	9,64 83	9,69 62	0,30 38	9,95 21	35	55	9,65 58	9,70 56	0,29 44	9,95 02	5
26	85	65	35	20	34	56	61	59	41	01	4
27	88	68	32	20	33	57	63	62	38	01	3
28	90	71	29	19	32	58	66	65	35	00	2
29	93	74	26	19	31	59	68	69	31	94 99	1
	*l*cos	*l*ctg	*l*tg	*l*sin	′		*l*cos	*l*ctg	*l*tg	*l*sin	′

63⁰

goniometrischen Funktionen. **27⁰**

′	*l*sin	*l*tg	*l*ctg	*l*cos		′	*l*sin	*l*tg	*l*ctg	*l*cos	
0	9,65 70	9,70 72	0,29 28	9,94 99		30	9,66 44	9,71 65	0,28 35	9,94 79	30
1	73	75	25	98	59	31	46	68	32	79	29
2	75	78	22	98	58	32	49	71	29	78	28
3	78	81	19	97	57	33	51	74	26	77	27
4	80	84	16	96	56	34	54	77	23	77	26
5	9,65 83	9,70 87	0,29 13	9,94 96	55	35	9,66 56	9,71 80	0,28 20	9,94 76	25
6	85	90	10	95	54	36	59	83	17	75	24
7	88	93	07	94	53	37	61	86	14	75	23
8	90	97	03	94	52	38	63	89	11	74	22
9	93	71 00	00	93	51	39	66	92	08	73	21
10	9,65 95	9,71 03	0,28 97	9,94 92	50	40	9,66 68	9,71 96	0,28 04	9,94 73	20
11	98	06	94	92	49	41	71	99	01	72	19
12	66 00	09	91	91	48	42	73	72 02	27 98	71	18
13	03	12	88	90	47	43	75	05	95	71	17
14	05	15	85	90	46	44	78	08	92	70	16
15	9,66 07	9,71 18	0,28 82	9,94 89	45	45	9,66 80	9,72 11	0,27 89	9,94 69	15
16	10	21	79	88	44	46	83	14	86	69	14
17	12	25	75	88	43	47	85	17	83	68	13
18	15	28	72	87	42	48	87	20	80	67	12
19	17	31	69	86	41	49	90	23	77	67	11
20	9,66 20	9,71 34	0,28 66	9,94 86	40	50	9,66 92	9,72 26	0,27 74	9,94 66	10
21	22	37	63	85	39	51	95	29	71	65	9
22	25	40	60	85	38	52	97	32	68	65	8
23	27	43	57	84	37	53	99	35	65	64	7
24	29	46	54	83	36	54	67 02	38	62	63	6
25	9,66 32	9,71 49	0,28 51	9,94 83	35	55	9,67 04	9,72 41	0,27 59	9,94 63	5
26	34	52	48	82	34	56	07	45	55	62	4
27	37	56	44	81	33	57	09	48	52	61	3
28	39	59	41	81	32	58	11	51	49	61	2
29	42	62	38	80	31	59	14	54	46	60	1
	*l*cos	*l*ctg	*l*tg	*l*sin	′		*l*cos	*l*ctg	*l*tg	*l*sin	′

62⁰

28° IV. Logarithmen der

′	*l*sin	*l*tg	*l*ctg	*l*cos		′	*l*sin	*l*tg	*l*ctg	*l*cos	
0	9,67 16	9,72 57	0,27 43	9,94 59		30	9,67 87	9,73 48	0,26 52	9,94 39	30
1	18	60	40	59	59	31	89	51	49	38	29
2	21	63	37	58	58	32	91	54	46	38	28
3	23	66	34	57	57	33	94	57	43	37	27
4	26	69	31	57	56	34	96	60	40	36	26
5	9,67 28	9,72 72	0,27 28	9,94 56	55	35	9,67 98	9,73 63	0,26 37	9,94 36	25
6	30	75	25	55	54	36	68 01	66	34	35	24
7	33	78	22	55	53	37	03	69	31	34	23
8	35	81	19	54	52	38	05	72	28	33	22
9	37	84	16	53	51	39	08	75	25	33	21
10	9,67 40	9,72 87	0,27 13	9,94 53	50	40	9,68 10	9,73 78	0,26 22	9,94 32	20
11	42	90	10	52	49	41	12	81	19	31	19
12	44	93	07	51	48	42	14	84	16	31	18
13	47	96	04	51	47	43	17	87	13	30	17
14	49	99	01	50	46	44	19	90	10	29	16
15	9,67 52	9,73 02	0,26 98	9,94 49	45	45	9,68 21	9,73 93	0,26 07	9,94 29	15
16	54	05	95	49	44	46	24	96	04	28	14
17	56	08	92	48	43	47	26	99	01	27	13
18	59	11	89	47	42	48	28	74 02	25 98	27	12
19	61	14	86	47	41	49	31	05	95	26	11
20	9,67 63	9,73 17	0,26 83	9,94 46	40	50	9,68 33	9,74 08	0,25 92	9,94 25	10
21	66	20	80	45	39	51	35	11	89	24	9
22	68	24	76	44	38	52	37	14	86	24	8
23	70	27	73	44	37	53	40	17	83	23	7
24	73	30	70	43	36	54	42	20	80	22	6
25	9,67 75	9,73 33	0,26 67	9,94 42	35	55	9,68 44	9,74 23	0,25 77	9,94 22	5
26	77	36	64	42	34	56	47	26	74	21	4
27	80	39	61	41	33	57	49	29	71	20	3
28	82	42	58	40	32	58	51	32	68	20	2
29	84	45	55	40	31	59	53	35	65	19	1
	*l*cos	*l*ctg	*l*tg	*l*sin	′		*l*cos	*l*ctg	*l*tg	*l*sin	′

61°

goniometrischen Funktionen. **29⁰**

′	$l$sin	$l$tg	$l$ctg	$l$cos		′	$l$sin	$l$tg	$l$ctg	$l$cos	
0	9,68 56	9,74 38	0,25 62	9,94 18		30	9,69 23	9,75 26	0,24 74	9,93 97	30
1	58	40	60	17	59	31	26	29	71	96	29
2	60	43	57	17	58	32	28	32	68	96	28
3	63	46	54	16	57	33	30	35	65	95	27
4	65	49	51	15	56	34	32	38	62	94	26
5	9,68 67	9,74 52	0,25 48	9,94 15	55	35	9,69 35	9,75 41	0,24 59	9,93 93	25
6	69	55	45	14	54	36	37	44	56	93	24
7	72	58	42	13	53	37	39	47	53	92	23
8	74	61	39	13	52	38	41	50	50	91	22
9	76	64	36	12	51	39	43	53	47	91	21
10	9,68 78	9,74 67	0,25 33	9,94 11	50	40	9,69 46	9,75 56	0,24 44	9,93 90	20
11	81	70	30	10	49	41	48	59	41	89	19
12	83	73	27	10	48	42	50	62	38	88	18
13	85	76	24	09	47	43	52	65	35	88	17
14	87	79	21	08	46	44	55	68	32	87	16
15	9,68 90	9,74 82	0,25 18	9,94 08	45	45	9,69 57	9,75 71	0,24 29	9,93 86	15
16	92	85	15	07	44	46	59	73	27	85	14
17	94	88	12	06	43	47	61	76	24	85	13
18	96	91	09	06	42	48	63	79	21	84	12
19	99	94	06	05	41	49	66	82	18	83	11
20	9,69 01	9,74 97	0,25 03	9,94 04	40	50	9,69 68	9,75 85	0,24 15	9,93 83	10
21	03	75 00	00	03	39	51	70	88	12	82	9
22	05	03	24 97	03	38	52	72	91	09	81	8
23	08	06	94	02	37	53	74	94	06	80	7
24	10	09	91	01	36	54	77	97	03	80	6
25	9,69 12	9,75 12	0,24 88	9,94 01	35	55	9,69 79	9,76 00	0,24 00	9,93 79	5
26	14	15	85	00	34	56	81	03	23 97	78	4
27	17	18	82	93 99	33	57	83	06	94	77	3
28	19	21	79	98	32	58	85	09	91	77	2
29	21	23	77	98	31	59	88	11	89	76	1
	$l$cos	$l$ctg	$l$tg	$l$sin	′		$l$cos	$l$ctg	$l$tg	$l$sin	′

60⁰

30°

′	*l*sin	*l*tg	*l*ctg	*l*cos		′	*l*sin	*l*tg	*l*ctg	*l*cos	
0	9,69 90	9,76 14	0,23 86	9,93 75		30	9,70 55	9,77 01	0,22 99	9,93 53	30
1	9̲2̲	17	8̲3̲	7̲5̲	59	31	5̲7̲	04	9̲6̲	52	29
2	94	20	8̲0̲	7̲4̲	58	32	5̲9̲	07	9̲3̲	5̲2̲	28
3	96	23	7̲7̲	73	57	33	61	10	9̲0̲	5̲1̲	27
4	98	26	7̲4̲	72	56	34	63	13	8̲7̲	50	26
5	9,70 0̲1̲	9,76 2̲9̲	0,23 71	9,93 72	55	35	9,70 65	9,77 1̲6̲	0,22 84	9,93 49	25
6	0̲3̲	3̲2̲	68	7̲1̲	54	36	6̲8̲	1̲9̲	81	4̲9̲	24
7	0̲5̲	3̲5̲	65	70	53	37	7̲0̲	2̲2̲	78	4̲8̲	23
8	07	3̲8̲	62	69	52	38	7̲2̲	2̲5̲	75	47	22
9	09	4̲1̲	59	6̲9̲	51	39	7̲4̲	27	7̲3̲	46	21
10	9,70 12	9,76 44	0,23 56	9,93 68	50	40	9,70 76	9,77 30	0,22 7̲0̲	9,93 46	20
11	1̲4̲	46	5̲4̲	67	49	41	78	33	6̲7̲	45	19
12	1̲6̲	49	5̲1̲	6̲7̲	48	42	80	36	6̲4̲	44	18
13	18	52	4̲8̲	66	47	43	82	3̲9̲	61	43	17
14	20	55	4̲5̲	65	46	44	8̲5̲	4̲2̲	58	4̲3̲	16
15	9,70 22	9,76 58	0,23 4̲2̲	9,93 64	45	45	9,70 8̲7̲	9,77 4̲5̲	0,22 55	9,93 4̲2̲	15
16	2̲5̲	6̲1̲	39	6̲4̲	44	46	8̲9̲	4̲8̲	52	41	14
17	2̲7̲	6̲4̲	36	6̲3̲	43	47	9̲1̲	50	5̲0̲	40	13
18	2̲9̲	6̲7̲	33	62	42	48	93	53	4̲7̲	40	12
19	31	7̲0̲	30	61	41	49	95	56	4̲4̲	3̲9̲	11
20	9,70 33	9,76 7̲3̲	0,23 27	9,93 61	40	50	9,70 97	9,77 59	0,22 4̲1̲	9,93 38	10
21	35	75	2̲5̲	60	39	51	99	62	38	37	9
22	37	78	2̲2̲	59	38	52	71 02	6̲5̲	35	3̲7̲	8
23	4̲0̲	81	1̲9̲	58	37	53	0̲4̲	68	32	3̲6̲	7
24	4̲2̲	84	16	58	36	54	0̲6̲	71	29	35	6
25	9,70 44	9,76 87	0,23 13	9,93 57	35	55	9,71 08	9,77 73	0,22 27	9,93 34	5
26	46	90	10	56	34	56	1̲0̲	76	2̲4̲	3̲4̲	4
27	48	9̲3̲	07	55	33	57	12	79	2̲1̲	3̲3̲	3
28	50	9̲6̲	04	5̲5̲	32	58	1̲4̲	82	1̲8̲	32	2
29	5̲3̲	9̲9̲	01	5̲4̲	31	59	1̲6̲	8̲5̲	15	31	1
	*l*cos	*l*ctg	*l*tg	*l*sin	′		*l*cos	*l*ctg	*l*tg	*l*sin	′

59°

goniometrische Funktionen.

31°

′	ₗsin	ₗtg	ₗctg	ₗcos		′	ₗsin	ₗtg	ₗctg	ₗcos	
0	9,71 18	9,77 88	0,22 12	9,93 31		30	9,71 81	9,78 73	0,21 27	9,93 08	30
1	20	91	09	30	59	31	83	76	24	07	29
2	23	93	07	29	58	32	85	79	21	06	28
3	25	96	04	28	57	33	87	82	18	05	27
4	27	99	01	28	56	34	89	85	15	05	26
5	9,71 29	9,78 02	0,21 98	9,93 27	55	35	9,71 91	9,78 87	0,21 13	9,93 04	25
6	31	05	95	26	54	36	93	90	10	03	24
7	33	08	92	25	53	37	95	93	07	02	23
8	35	11	89	25	52	38	97	96	04	01	22
9	37	13	87	24	51	39	99	99	01	01	21
10	9,71 39	9,78 16	0,21 84	9,93 23	50	40	9,72 01	9,79 02	0,20 98	9,93 00	20
11	41	19	81	22	49	41	03	04	96	92 99	19
12	44	22	78	22	48	42	05	07	93	98	18
13	46	25	75	21	47	43	08	10	90	98	17
14	48	28	72	20	46	44	10	13	87	97	16
15	9,71 50	9,78 31	0,21 69	9,93 19	45	45	9,72 12	9,79 16	0,20 84	9,92 96	15
16	52	33	67	18	44	46	14	18	82	95	14
17	54	36	64	18	43	47	16	21	79	94	13
18	56	39	61	17	42	48	18	24	76	94	12
19	58	42	58	16	41	49	20	27	73	93	11
20	9,71 60	9,78 45	0,21 55	9,93 15	40	50	9,72 22	9,79 30	0,20 70	9,92 92	10
21	62	48	52	15	39	51	24	33	67	91	9
22	64	50	50	14	38	52	26	35	65	91	8
23	66	53	47	13	37	53	28	38	62	90	7
24	68	56	44	12	36	54	30	41	59	89	6
25	9,71 71	9,78 59	0,21 41	9,93 12	35	55	9,72 32	9,79 44	0,20 56	9,92 88	5
26	73	62	38	11	34	56	34	47	53	87	4
27	75	65	35	10	33	57	36	49	51	87	3
28	77	68	32	09	32	58	38	52	48	86	2
29	79	70	30	08	31	59	40	55	45	85	1
	ₗcos	ₗctg	ₗtg	ₗsin	′		ₗcos	ₗctg	ₗtg	ₗsin	′

58°

IV. Logarithmen der

32°

′	ℓsin	ℓtg	ℓctg	ℓcos		′	ℓsin	ℓtg	ℓctg	ℓcos	
0	9,72 42	9,79 58	0,20 42	9,92 84		30	9,73 02	9,80 42	0,19 58	9,92 60	30
1	44	61	39	83	59	31	04	45	55	59	29
2	46	64	36	83	58	32	06	47	53	59	28
3	48	66	34	82	57	33	08	50	50	58	27
4	50	69	31	81	56	34	10	53	47	57	26
5	9,72 52	9,79 72	0,20 28	9,92 80	55	35	9,73 12	9,80 56	0,19 44	9,92 56	25
6	54	75	25	79	54	36	14	59	41	55	24
7	56	78	22	79	53	37	16	61	39	55	23
8	58	80	20	78	52	38	18	64	36	54	22
9	60	83	17	77	51	39	20	67	33	53	21
10	9,72 62	9,79 86	0,20 14	9,92 76	50	40	9,73 22	9,80 70	0,19 30	9,92 52	20
11	64	89	11	75	49	41	24	72	28	51	19
12	66	92	08	75	48	42	26	75	25	51	18
13	68	94	06	74	47	43	28	78	22	50	17
14	70	97	03	73	46	44	30	81	19	49	16
15	9,72 72	9,80 00	0,20 00	9,92 72	45	45	9,73 32	9,80 84	0,19 16	9,92 48	15
16	74	03	19 97	72	44	46	34	86	14	47	14
17	76	06	94	71	43	47	36	89	11	47	13
18	78	08	92	70	42	48	38	92	08	46	12
19	80	11	89	69	41	49	40	95	05	45	11
20	9,72 82	9,80 14	0,19 86	9,92 68	40	50	9,73 42	9,80 97	0,19 03	9,92 44	10
21	84	17	83	68	39	51	44	81 00	00	43	9
22	86	20	80	67	38	52	45	03	18 97	42	8
23	88	22	78	66	37	53	47	06	94	42	7
24	90	25	75	65	36	54	49	09	91	41	6
25	9,72 92	9,80 28	0,19 72	9,92 64	35	55	9,73 51	9,81 11	0,18 89	9,92 40	5
26	94	31	69	64	34	56	53	14	86	39	4
27	96	34	66	63	33	57	55	17	83	38	3
28	98	36	64	62	32	58	57	20	80	38	2
29	73 00	39	61	61	31	59	59	.22	78	37	1
	ℓcos	ℓctg	ℓtg	ℓsin	′		ℓcos	ℓctg	ℓtg	ℓsin	′

57°

goniometrischen Funktionen.

33°

′	ₗsin	ₗtg	ₗctg	ₗcos		′	ₗsin	ₗtg	ₗctg	ₗcos	
0	9,73 61	9,81 25	0,18 75	9,92 36		30	9,74 19	9,82 08	0,17 92	9,92 11	30
1	63	28	72	35	59	31	21	11	89	10	29
2	65	31	69	34	58	32	23	13	87	09	28
3	67	33	67	33	57	33	25	16	84	09	27
4	69	36	64	33	56	34	27	19	81	08	26
5	9,73 71	9,81 39	0,18 61	9,92 32	55	35	9,74 28	9,82 22	0,17 78	9,92 07	25
6	73	42	58	31	54	36	30	24	76	06	24
7	75	45	55	30	53	37	32	27	73	05	23
8	77	47	53	29	52	38	34	30	70	04	22
9	79	50	50	29	51	39	36	33	67	04	21
10	9,73 80	9,81 53	0,18 47	9,92 28	50	40	9,74 38	9,82 35	0,17 65	9,92 03	20
11	82	56	44	27	49	41	40	38	62	02	19
12	84	58	42	26	48	42	42	41	59	01	18
13	86	61	39	25	47	43	44	43	57	00	17
14	88	64	36	24	46	44	45	46	54	91 99	16
15	9,73 90	9,81 67	0,18 33	9,92 24	45	45	9,74 47	9,82 49	0,17 51	9,91 98	15
16	92	69	31	23	44	46	49	52	48	98	14
17	94	72	28	22	43	47	51	54	46	97	13
18	96	75	25	21	42	48	53	57	43	96	12
19	98	78	22	20	41	49	55	60	40	95	11
20	9,74 00	9,81 80	0,18 20	9,92 19	40	50	9,74 57	9,82 63	0,17 37	9,91 94	10
21	02	83	17	19	39	51	59	65	35	93	9
22	04	86	14	18	38	52	61	68	32	93	8
23	06	89	11	17	37	53	62	71	29	92	7
24	07	91	09	16	36	54	64	74	26	91	6
25	9,74 09	9,81 94	0,18 06	9,92 15	35	55	9,74 66	9,82 76	0,17 24	9,91 90	5
26	11	97	03	14	34	56	68	79	21	89	4
27	13	82 00	00	14	33	57	70	82	18	88	3
28	15	02	17 98	13	32	58	72	84	16	87	2
29	17	05	95	12	31	59	74	87	13	87	1
	ₗcos	ₗctg	ₗtg	ₗsin	′		ₗcos	ₗctg	ₗtg	ₗsin	′

56°

34°

′	*l*sin	*l*tg	*l*ctg	*l*cos		′	*l*sin	*l*tg	*l*ctg	*l*cos	
0	9,74 76	9,82 90	0,17 10	9,91 86		30	9,75 31	9,83 71	0,16 29	9,91 60	30
1	77	93	07	85	59	31	33	74	26	59	29
2	79	95	05	84	58	32	35	77	23	58	28
3	81	98	02	83	57	33	37	79	21	57	27
4	83	83 01	16 99	82	56	34	39	82	18	56	26
5	9,74 85	9,83 03	0,16 97	9,91 81	55	35	9,75 40	9,83 85	0,16 15	9,91 56	25
6	87	06	94	81	54	36	42	88	12	55	24
7	89	09	91	80	53	37	44	90	10	54	23
8	91	12	88	79	52	38	46	93	07	53	22
9	92	14	86	78	51	39	48	96	04	52	21
10	9,74 94	9,83 17	0,16 83	9,91 77	50	40	9,75 50	9,83 98	0,16 02	9,91 51	20
11	96	20	80	76	49	41	51	84 01	15 99	50	19
12	98	23	77	75	48	42	53	04	96	49	18
13	75 00	25	75	75	47	43	55	06	94	49	17
14	02	28	72	74	46	44	57	09	91	48	16
15	9,75 04	9,83 31	0,16 69	9,91 73	45	45	9,75 59	9,84 12	0,15 88	9,91 47	15
16	05	33	67	72	44	46	61	15	85	46	14
17	07	36	64	71	43	47	62	17	83	45	13
18	09	39	61	70	42	48	64	20	80	44	12
19	11	42	58	69	41	49	66	23	77	43	11
20	9,75 13	9,83 44	0,16 56	9,91 69	40	50	9,75 68	9.84 25	0,15 75	9,91 42	10
21	15	47	53	68	39	51	70	28	72	42	9
22	17	50	50	67	38	52	71	31	69	41	8
23	18	52	48	66	37	53	73	33	67	40	7
24	20	55	45	65	36	54	75	36	64	39	6
25	9,75 22	9,83 58	0,16 42	9,91 64	35	55	9,75 77	9,84 39	0,15 61	9,91 38	5
26	24	61	39	63	34	56	79	42	58	37	4
27	26	63	37	63	33	57	80	44	56	36	3
28	28	66	34	62	32	58	82	47	53	35	2
29	29	69	31	61	31	59	84	50	50	35	1
	*l*cos	*l*ctg	*l*tg	*l*sin	′		*l*cos	*l*ctg	*l*tg	*l*sin	′

55°

goniometrischen Funktionen.

35°

′	*l*sin	*l*tg	*l*ctg	*l*cos		′	*l*sin	*l*tg	*l*ctg	*l*cos	
0	9,75 8̲6	9,84 52	0,15 48	9,91 34		30	9,76 40	9,85 3̲3	0,14 67	9,91 07	30
1	8̲8	5̲5	4̲5	3̲3	59	31	41	35	6̲5	06	29
2	9̲0	58	4̲2	3̲2	58	32	43	38	6̲2	05	28
3	91	60	4̲0	31	57	33	4̲5	4̲1	59	04	27
4	93	63	3̲7	30	56	34	4̲7	43	5̲7	03	26
5	9,75 9̲5	9,84 66	0,15 34	9,91 29	55	35	9,76 48	9,85 46	0,14 54	9,91 02	25
6	9̲7	68	3̲2	28	54	36	50	4̲9	51	01	24
7	9̲9	71	2̲9	27	53	37	5̲2	51	4̲9	0̲1	23
8	76 00	7̲4	26	2̲7	52	38	5̲4	54	4̲6	0̲0	22
9	02	76	2̲4	2̲6	51	39	55	57	43	90 9̲9	21
10	9,76 0̲4	9,84 79	0,15 2̲1	9,91 2̲5	50	40	9,76 57	9,85 59	0,14 4̲1	9,90 98	20
11	0̲6	8̲2	18	2̲4	49	41	59	62	38	9̲7	19
12	07	84	16	2̲3	48	42	6̲1	6̲5	35	96	18
13	09	87	1̲3	22	47	43	62	67	3̲3	95	17
14	11	9̲0	10	21	46	44	64	70	3̲0	94	16
15	9,76 1̲3	9,84 93	0,15 07	9,91 20	45	45	9,76 66	9,85 7̲3	0,14 27	9,90 93	15
16	1̲5	95	05	19	44	46	6̲8	75	2̲5	92	14
17	16	9̲8	02	1̲9	43	47	69	78	22	91	13
18	18	85 01	14 99	1̲8	42	48	71	8̲1	19	9̲1	12
19	20	03	9̲7	1̲7	41	49	73	83	1̲7	9̲0	11
20	9,76 2̲2	9,85 06	0,14 94	9,91 1̲6	40	50	9,76 7̲5	9,85 86	0,14 1̲4	9,90 89	10
21	2̲4	09	91	1̲5	39	51	76	8̲9	11	8̲8	9
22	25	11	8̲9	14	38	52	78	91	0̲9	8̲7	8
23	27	14	86	13	37	53	80	94	06	86	7
24	2̲9	1̲7	83	12	36	54	8̲2	97	03	85	6
25	9,76 3̲1	9,85 19	0,14 81	9,91 11	35	55	9,76 83	9,85 99	0,14 0̲1	9,90 84	5
26	32	2̲2	78	10	34	56	85	86 02	13 98	83	4
27	34	2̲5	75	1̲0	33	57	87	0̲5	95	82	3
28	3̲6	27	7̲3	09	32	58	8̲9	07	9̲3	81	2
29	3̲8	30	70	0̲8	31	59	90	10	90	80	1
	*l*cos	*l*ctg	*l*tg	*l*sin	′		*l*cos	*l*ctg	*l*tg	*l*sin	′

54°

36°

′	₤sin	₤tg	₤ctg	₤cos		′	₤sin	₤tg	₤ctg	₤cos	
0	9,76 92	9,86 13	0,13 87	9,90 80		30	9,77 4<u>4</u>	9,86 92	0,13 0<u>8</u>	9,90 52	30
1	9<u>4</u>	15	8<u>5</u>	7<u>9</u>	59	31	4<u>6</u>	9<u>5</u>	05	5<u>1</u>	29
2	9<u>6</u>	1<u>8</u>	82	7<u>8</u>	58	32	47	97	0<u>3</u>	5<u>0</u>	28
3	97	2<u>1</u>	79	7<u>7</u>	57	33	49	87 00	00	49	27
4	99	23	7<u>7</u>	76	56	34	5<u>1</u>	0<u>3</u>	12 97	48	26
5	9,77 0<u>1</u>	9,86 26	0,13 74	9,90 7<u>5</u>	55	35	9,77 52	9,87 05	0,12 9<u>5</u>	9,90 47	25
6	0<u>3</u>	2<u>9</u>	71	74	54	36	54	0<u>8</u>	92	46	24
7	04	31	6<u>9</u>	73	53	37	5<u>6</u>	1<u>1</u>	89	45	23
8	06	3<u>4</u>	66	72	52	38	5<u>8</u>	13	8<u>7</u>	44	22
9	0<u>8</u>	3<u>7</u>	63	71	51	39	59	1<u>6</u>	84	43	21
10	9,77 1<u>0</u>	9,86 39	0,13 6<u>1</u>	9,90 70	50	40	9,77 6<u>1</u>	9,87 18	0,12 8<u>2</u>	9,90 42	20
11	11	4<u>2</u>	58	69	49	41	6<u>3</u>	21	7<u>9</u>	41	19
12	1<u>3</u>	44	5<u>6</u>	6<u>9</u>	48	42	64	2<u>4</u>	76	4<u>1</u>	18
13	1<u>5</u>	47	5<u>3</u>	6<u>8</u>	47	43	66	26	7<u>4</u>	4<u>0</u>	17
14	16	5<u>0</u>	50	67	46	44	6<u>8</u>	29	7<u>1</u>	3<u>9</u>	16
15	9,77 18	9,86 52	0,13 4<u>8</u>	9,90 66	45	45	9,77 69	9,87 3<u>2</u>	0,12 68	9,90 3<u>8</u>	15
16	2<u>0</u>	55	4<u>5</u>	6<u>5</u>	44	46	71	34	6<u>6</u>	3<u>7</u>	14
17	2<u>2</u>	5<u>8</u>	42	6<u>4</u>	43	47	7<u>3</u>	3<u>7</u>	63	3<u>6</u>	13
18	2<u>3</u>	60	4<u>0</u>	6<u>3</u>	42	48	74	4<u>0</u>	60	3<u>5</u>	12
19	25	63	37	62	41	49	76	42	5<u>8</u>	3<u>4</u>	11
20	9,77 2<u>7</u>	9,86 66	0,13 34	9,90 61	40	50	9,77 7<u>8</u>	9,87 4<u>5</u>	0,12 55	9,90 33	10
21	28	68	3<u>2</u>	60	39	51	8<u>0</u>	47	5<u>3</u>	3<u>2</u>	9
22	30	7<u>1</u>	29	59	38	52	81	50	5<u>0</u>	31	8
23	3<u>2</u>	7<u>4</u>	26	58	37	53	8<u>3</u>	5<u>3</u>	47	30	7
24	3<u>4</u>	76	2<u>4</u>	57	36	54	8<u>5</u>	55	4<u>5</u>	29	6
25	9,77 35	9,86 79	0,13 21	9,90 5<u>6</u>	35	55	9,77 86	9,87 58	0,12 4<u>2</u>	9,90 28	5
26	37	8<u>2</u>	18	5<u>6</u>	34	56	8<u>8</u>	6<u>1</u>	39	27	4
27	3<u>9</u>	84	1<u>6</u>	5<u>5</u>	33	57	9<u>0</u>	63	3<u>7</u>	26	3
28	40	8<u>7</u>	13	5<u>4</u>	32	58	91	6<u>6</u>	34	25	2
29	42	89	1<u>1</u>	5<u>3</u>	31	59	93	6<u>9</u>	31	24	1
	₤cos	₤ctg	₤tg	₤sin	′		₤cos	₤ctg	₤tg	₤sin	′

53°

37°

′	ℓsin	ℓtg	ℓctg	ℓcos		′	ℓsin	ℓtg	ℓctg	ℓcos	
0	9,77 9<u>5</u>	9,87 71	0,12 29	9,90 23		30	9,78 44	9,88 50	0,11 50	9,89 95	30
1	96	7<u>4</u>	26	2<u>3</u>	59	31	46	52	4<u>8</u>	9<u>4</u>	29
2	9<u>8</u>	76	2<u>4</u>	2<u>2</u>	58	32	4<u>8</u>	55	4<u>5</u>	9<u>3</u>	28
3	78 00	79	21	2<u>1</u>	57	33	49	58	42	9<u>2</u>	27
4	01	8<u>2</u>	18	2<u>0</u>	56	34	51	60	4<u>0</u>	9<u>1</u>	26
5	9,78 0<u>3</u>	9,87 84	0,12 1<u>6</u>	9,90 1<u>9</u>	55	35	9,78 5<u>3</u>	9,88 6<u>3</u>	0,11 37	9,89 90	25
6	0<u>5</u>	87	13	1<u>8</u>	54	36	54	65	3<u>5</u>	8<u>9</u>	24
7	06	9<u>0</u>	10	1<u>7</u>	53	37	56	68	3<u>2</u>	8<u>8</u>	23
8	08	92	0<u>8</u>	1<u>6</u>	52	38	5<u>8</u>	71	29	87	22
9	1<u>0</u>	9<u>5</u>	05	1<u>5</u>	51	39	59	73	2<u>7</u>	8<u>6</u>	21
10	9,78 11	9,87 97	0,12 0<u>3</u>	9,90 14	50	40	9,78 6<u>1</u>	9,88 76	0,11 2<u>4</u>	9,89 85	20
11	13	88 00	00	13	49	41	6<u>3</u>	7<u>9</u>	21	8<u>4</u>	19
12	1<u>5</u>	0<u>3</u>	11 97	12	48	42	64	81	1<u>9</u>	8<u>3</u>	18
13	16	05	9<u>5</u>	11	47	43	6<u>6</u>	8<u>4</u>	16	82	17
14	18	0<u>8</u>	92	10	46	44	67	86	1<u>4</u>	81	16
15	9,78 2<u>0</u>	9,88 1<u>1</u>	0,11 89	9,90 09	45	45	9,78 69	9,88 89	0,11 11	9,89 80	15
16	21	13	8<u>7</u>	08	44	46	7<u>1</u>	9<u>2</u>	08	79	14
17	23	1<u>6</u>	84	07	43	47	72	94	06	78	13
18	2<u>5</u>	18	8<u>2</u>	06	42	48	7<u>4</u>	9<u>7</u>	03	77	12
19	26	21	79	05	41	49	7<u>6</u>	99	01	76	11
20	9,78 2<u>8</u>	9,88 2<u>4</u>	0,11 76	9,90 04	40	50	9,78 77	9,89 02	0,10 9<u>8</u>	9,89 75	10
21	3<u>0</u>	26	7<u>4</u>	03	39	51	7<u>9</u>	0<u>5</u>	95	74	9
22	31	2<u>9</u>	71	02	38	52	80	07	9<u>3</u>	73	8
23	3<u>3</u>	31	6<u>9</u>	01	37	53	82	1<u>0</u>	90	72	7
24	3<u>5</u>	34	6<u>6</u>	00	36	54	8<u>4</u>	12	88	71	6
25	9,78 36	9,88 3<u>7</u>	0,11 63	9,90 00	35	55	9,78 85	9,89 15	0,10 8<u>5</u>	9,89 70	5
26	3<u>8</u>	39	6<u>1</u>	89 99	34	56	8<u>7</u>	1<u>8</u>	82	69	4
27	4<u>0</u>	42	58	9<u>8</u>	33	57	8<u>9</u>	20	8<u>0</u>	68	3
28	41	4<u>5</u>	55	9<u>7</u>	32	58	90	2<u>3</u>	77	67	2
29	4<u>3</u>	47	5<u>3</u>	9<u>6</u>	31	59	9<u>2</u>	25	7<u>5</u>	66	1
	ℓcos	ℓctg	ℓtg	ℓsin	′		ℓcos	ℓctg	ℓtg	ℓsin	′

52°

38°

′	ℓsin	ℓtg	ℓctg	ℓcos		′	ℓsin	ℓtg	ℓctg	ℓcos	
0	9,78 93	9,89 28	0,10 7<u>2</u>	9,89 65		30	9,79 41	9,90 06	0,09 9<u>4</u>	9,89 35	30
1	95	3<u>1</u>	69	64	59	31	43	0<u>9</u>	91	34	29
2	9<u>7</u>	33	6<u>7</u>	63	58	32	4<u>5</u>	11	8<u>9</u>	33	28
3	98	3<u>6</u>	64	62	57	33	46	1<u>4</u>	86	32	27
4	79 0<u>0</u>	3<u>9</u>	61	61	56	34	4<u>8</u>	16	8<u>4</u>	31	26
5	9,79 01	9,89 41	0,10 5<u>9</u>	9,89 60	55	35	9,79 49	9,90 19	0,09 81	9,89 30	25
6	03	4<u>4</u>	56	59	54	36	51	2<u>2</u>	78	29	24
7	0<u>5</u>	46	5<u>4</u>	58	53	37	5<u>3</u>	24	76	28	23
8	06	4<u>9</u>	51	57	52	38	54	2<u>7</u>	73	27	22
9	0<u>8</u>	5<u>2</u>	48	56	51	39	5<u>6</u>	29	71	26	21
10	9,79 1<u>0</u>	9,89 54	0,10 4<u>6</u>	9,89 55	50	40	9,79 57	9,90 32	0,09 68	9,89 25	20
11	11	5<u>7</u>	43	54	49	41	5<u>9</u>	3<u>5</u>	65	24	19
12	1<u>3</u>	59	4<u>1</u>	53	48	42	60	37	6<u>3</u>	23	18
13	14	6<u>2</u>	38	52	47	43	62	40	60	22	17
14	1<u>6</u>	6<u>5</u>	35	51	46	44	6<u>4</u>	42	5<u>8</u>	21	16
15	9,79 1<u>8</u>	9,89 67	0,10 3<u>3</u>	9,89 50	45	45	9,79 65	9,90 4<u>5</u>	0,09 55	9,89 20	15
16	19	7<u>0</u>	30	49	44	46	6<u>7</u>	47	5<u>3</u>	19	14
17	2<u>1</u>	72	2<u>8</u>	48	43	47	68	50	5<u>0</u>	18	13
18	22	7<u>5</u>	25	47	42	48	7<u>0</u>	5<u>3</u>	47	17	12
19	24	7<u>8</u>	22	46	41	49	7<u>2</u>	55	4<u>5</u>	16	11
20	9,79 2<u>6</u>	9,89 80	0,10 2<u>0</u>	9,89 45	40	50	9,79 73	9,90 58	0,09 42	9,89 15	10
21	27	83	17	44	39	51	7<u>5</u>	60	4<u>0</u>	14	9
22	2<u>9</u>	85	1<u>5</u>	43	38	52	76	63	3<u>7</u>	13	8
23	30	88	12	42	37	53	7<u>8</u>	66	34	12	7
24	3<u>2</u>	90	1<u>0</u>	41	36	54	79	68	3<u>2</u>	11	6
25	9,79 3<u>4</u>	9,89 93	0,10 07	9,89 40	35	55	9,79 8<u>1</u>	9,90 71	0,09 29	9,89 10	5
26	35	9<u>6</u>	04	39	34	56	82	73	2<u>7</u>	09	4
27	3<u>7</u>	98	02	38	33	57	84	7<u>6</u>	24	08	3
28	38	90 01	09 99	37	32	58	8<u>6</u>	7<u>9</u>	21	07	2
29	4<u>0</u>	03	97	36	31	59	87	81	1<u>9</u>	06	1
	ℓcos	ℓctg	ℓtg	ℓsin	′		ℓcos	ℓctg	ℓtg	ℓsin	′

51°

goniometrischen Funktionen

39°

′	₤sin	₤tg	₤ctg	₤cos		′	₤sin	₤tg	₤ctg	₤cos	
0	9,79 89	9,90 84	0,09 16	9,89 05		30	9,80 35	9,91 61	0,08 39	9,88 74	30
1	90	86	14	04	59	31	37	64	36	73	29
2	92	89	11	03	58	32	38	66	34	72	28
3	93	91	09	02	57	33	40	69	31	71	27
4	95	94	06	01	56	34	41	71	29	70	26
5	9,79 97	9,90 97	0,09 03	9,89 00	55	35	9,80 43	9,91 74	0,08 26	9,88 69	25
6	98	99	01	88 99	54	36	44	76	24	68	24
7	80 00	91 02	08 98	98	53	37	46	79	21	67	23
8	01	04	96	97	52	38	47	82	18	66	22
9	03	07	93	96	51	39	49	84	16	65	21
10	9,80 04	9,91 10	0,08 90	9,88 95	50	40	9,80 50	9,91 87	0,08 13	9,88 64	20
11	06	12	88	94	49	41	52	89	11	63	19
12	07	15	85	93	48	42	53	92	08	62	18
13	09	17	83	92	47	43	55	94	06	60	17
14	10	20	80	91	46	44	56	97	03	59	16
15	9,80 12	9,91 22	0,08 78	9,88 90	45	45	9,80 58	9,92 00	0,08 00	9,88 58	15
16	14	25	75	89	44	46	60	02	07 98	57	14
17	15	28	72	88	43	47	61	05	95	56	13
18	17	30	70	87	42	48	63	07	93	55	12
19	18	33	67	85	41	49	64	10	90	54	11
20	9,80 20	9,91 35	0,08 65	9,88 84	40	50	9,80 66	9,92 12	0,07 88	9,88 53	10
21	21	38	62	83	39	51	67	15	85	52	9
22	23	40	60	82	38	52	69	18	82	51	8
23	24	43	57	81	37	53	70	20	80	50	7
24	26	46	54	80	36	54	72	23	77	49	6
25	9,80 27	9,91 48	0,08 52	9,88 79	35	55	9,80 73	9,92 25	0,07 75	9,88 48	5
26	29	51	49	78	34	56	75	28	72	47	4
27	31	53	47	77	33	57	76	30	70	46	3
28	32	56	44	76	32	58	78	33	67	45	2
29	34	58	42	75	31	59	79	36	64	44	1
	₤cos	₤ctg	₤tg	₤sin	′		₤cos	₤ctg	₤tg	₤sin	′

50°

40°

′	$l\sin$	$l\tg$	$l\ctg$	$l\cos$		′	$l\sin$	$l\tg$	$l\ctg$	$l\cos$	
0	9,80 81	9,92 38	0,07 62	9,88 43		30	9,81 25	9,93 15	0,06 85	9,88 10	30
1	82	41	59	41	59	31	27	18	82	09	29
2	84	43	57	40	58	32	28	20	80	08	28
3	85	46	54	39	57	33	30	23	77	07	27
4	87	48	52	38	56	34	31	25	75	06	26
5	9,80 88	9,92 51	0,07 49	9,88 37	55	35	9,81 33	9,93 28	0,06 72	9,88 05	25
6	90	54	46	36	54	36	34	30	70	04	24
7	91	56	44	35	53	37	36	33	67	03	23
8	93	59	41	34	52	38	37	35	65	02	22
9	94	61	39	33	51	39	39	38	62	01	21
10	9,80 96	9,92 64	0,07 36	9,88 32	50	40	9,81 40	9,93 41	0,06 59	9,88 00	20
11	97	66	34	31	49	41	42	43	57	87 99	19
12	99	69	31	30	48	42	43	46	54	97	18
13	81 00	71	29	29	47	43	45	48	52	96	17
14	02	74	26	28	46	44	46	51	49	95	16
15	9,81 03	9,92 77	0,07 23	9,88 27	45	45	9,81 48	9,93 53	0,06 47	9,87 94	15
16	05	79	21	25	44	46	49	56	44	93	14
17	06	82	18	24	43	47	50	58	42	92	13
18	08	84	16	23	42	48	52	61	39	91	12
19	09	87	13	22	41	49	53	64	36	90	11
20	9,81 11	9,92 89	0,07 11	9,88 21	40	50	9,81 55	9,93 66	0,06 34	9,87 89	10
21	12	92	08	20	39	51	56	69	31	88	9
22	14	95	05	19	38	52	58	71	29	87	8
23	15	97	03	18	37	53	59	74	26	85	7
24	17	93 00	00	17	36	54	61	76	24	84	6
25	9,81 18	9,93 02	0,06 98	9,88 16	35	55	9,81 62	9,93 79	0,06 21	9,87 83	5
26	20	05	95	15	34	56	64	81	19	82	4
27	21	07	93	14	33	57	65	84	16	81	3
28	22	10	90	13	32	58	67	87	13	80	2
29	24	12	88	12	31	59	68	89	11	79	1
	$l\cos$	$l\ctg$	$l\tg$	$l\sin$			$l\cos$	$l\ctg$	$l\tg$	$l\sin$	′

49°

goniometrischen Funktionen.

41°

′	₍sin	₍tg	₍ctg	₍cos		′	₍sin	₍tg	₍ctg	₍cos	
0	9,81 69	9,93 92	0,06 08	9,87 78		30	9,82 13	9,94 68	0,05 32	9,87 45	30
1	71	94	06	77	59	31	14	71	29	43	29
2	72	97	03	76	58	32	15	73	27	42	28
3	74	99	01	75	57	33	17	76	24	41	27
4	75	94 02	05 98	73	56	34	18	78	22	40	26
5	9,81 77	9,94 04	0,05 96	9,87 72	55	35	9,82 20	9,94 81	0,05 19	9,87 39	25
6	78	07	93	71	54	36	21	83	17	38	24
7	80	09	91	70	53	37	23	86	14	37	23
8	81	12	88	69	52	38	24	88	12	36	22
9	82	15	85	68	51	39	25	91	09	34	21
10	9,81 84	9,94 17	0,05 83	9,87 67	50	40	9,82 27	9,94 94	0,05 06	9,87 33	20
11	85	20	80	66	49	41	28	96	04	32	19
12	87	22	78	65	48	42	30	99	01	31	18
13	88	25	75	63	47	43	31	95 01	04 99	30	17
14	90	27	73	62	46	44	33	04	96	29	16
15	9,81 91	9,94 30	0,05 70	9,87 61	45	45	9,82 34	9,95 06	0,04 94	9,87 28	15
16	93	32	68	60	44	46	35	09	91	27	14
17	94	35	65	59	43	47	37	11	89	25	13
18	95	38	62	58	42	48	38	14	86	24	12
19	97	40	60	57	41	49	40	16	84	23	11
20	9,81 98	9,94 43	0,05 57	9,87 56	40	50	9,82 41	9,95 19	0,04 81	9,87 22	10
21	82 00	45	55	55	39	51	42	22	78	21	9
22	01	48	52	53	38	52	44	24	76	20	8
23	03	50	50	52	37	53	45	27	73	19	7
24	04	53	47	51	36	54	47	29	71	18	6
25	9,82 05	9,94 55	0,05 45	9,87 50	35	55	9,82 48	9,95 32	0,04 68	9,87 16	5
26	07	58	42	49	34	56	49	34	66	15	4
27	08	60	40	48	33	57	51	37	63	14	3
28	10	63	37	47	32	58	52	39	61	13	2
29	11	66	34	46	31	59	54	42	58	12	1
	₍cos	₍ctg	₍tg	₍sin	′		₍cos	₍ctg	₍tg	₍sin	′

48°

42°

′	*l*sin	*l*tg	*l*ctg	*l*cos		′	*l*sin	*l*tg	*l*ctg	*l*cos	
0	9,82 55	9,95 44	0,04 56	9,87 11		30	9,82 97	9,96 21	0,03 79	9,86 76	30
1	57	47	53	10	59	31	98	23	77	75	29
2	58	49	51	08	58	32	83 00	26	74	74	28
3	59	52	48	07	57	33	01	28	72	73	27
4	61	55	45	06	56	34	02	31	69	72	26
5	9,82 62	9,95 57	0,04 43	9,87 05	55	35	9,83 04	9,96 33	0,03 67	9,86 71	25
6	64	60	40	04	54	36	05	36	64	69	24
7	65	62	38	03	53	37	06	38	62	68	23
8	66	65	35	02	52	38	08	41	59	67	22
9	68	67	33	00	51	39	09	43	57	66	21
10	9,82 69	9,95 70	0,04 30	9,86 99	50	40	9,83 11	9,96 46	0,03 54	9,86 65	20
11	70	72	28	98	49	41	12	48	52	64	19
12	72	75	25	97	48	42	13	51	49	62	18
13	73	77	23	96	47	43	15	53	47	61	17
14	75	80	20	95	46	44	16	56	44	60	16
15	9,82 76	9,95 82	0,04 18	9,86 94	45	45	9,83 17	9,96 59	0,03 41	9,86 59	15
16	77	85	15	92	44	46	19	61	39	58	14
17	79	88	12	91	43	47	20	64	36	57	13
18	80	90	10	90	42	48	22	66	34	55	12
19	82	93	07	89	41	49	23	69	31	54	11
20	9,82 83	9,95 95	0,04 05	9,86 88	40	50	9,83 24	9,96 71	0,03 29	9,86 53	10
21	84	98	02	87	39	51	26	74	26	52	9
22	86	96 00	00	86	38	52	27	76	24	51	8
23	87	03	03 97	84	37	53	28	79	21	50	7
24	89	05	95	83	36	54	30	81	19	48	6
25	9,82 90	9,96 08	0,03 92	9,86 82	35	55	9,83 31	9,96 84	0,03 16	9,86 47	5
26	91	10	90	81	34	56	32	86	14	46	4
27	93	13	87	80	33	57	34	89	11	45	3
28	94	15	85	79	32	58	35	91	09	44	2
29	95	18	82	77	31	59	36	94	06	42	1
	*l*cos	*l*ctg	*l*tg	*l*sin	′		*l*cos	*l*ctg	*l*tg	*l*sin	′

47°

goniometrischen Funktionen.

43°

′	₤sin	₤tg	₤ctg	₤cos		′	₤sin	₤tg	₤ctg	₤cos	
0	9,83 38	9,96 97	0,03 03	9,86 41		30	9,83 78	9,97 72	0,02 28	9,86 06	30
1	39	99	01	40	59	31	79	75	25	04	29
2	41	97 02	02 98	39	58	32	81	78	22	03	28
3	42	04	96	38	57	33	82	80	20	02	27
4	43	07	93	37	56	34	83	83	17	01	26
5	9,83 45	9,97 09	0,02 91	9,86 35	55	35	9,83 85	9,97 85	0,02 15	9,86 00	25
6	46	12	88	34	54	36	86	88	12	85 98	24
7	47	14	86	33	53	37	87	90	10	97	23
8	49	17	83	32	52	38	89	93	07	96	22
9	50	19	81	31	51	39	90	95	05	95	21
10	9,83 51	9,97 22	0,02 78	9,86 29	50	40	9,83 91	9,97 98	0,02 02	9,85 94	20
11	53	24	76	28	49	41	93	98 00	00	92	19
12	54	27	73	27	48	42	94	03	01 97	91	18
13	55	29	71	26	47	43	95	05	95	90	17
14	57	32	68	25	46	44	97	08	92	89	16
15	9,83 58	9,97 35	0,02 65	9,86 24	45	45	9,83 98	9,98 10	0,01 90	9,85 88	15
16	59	37	63	22	44	46	99	13	87	86	14
17	61	40	60	21	43	47	84 01	16	84	85	13
18	62	42	58	20	42	48	02	18	82	84	12
19	63	45	55	19	41	49	03	21	79	83	11
20	9,83 65	9,97 47	0,02 53	9,86 18	40	50	9,84 05	9,98 23	0,01 77	9,85 82	10
21	66	50	50	16	39	51	06	26	74	80	9
22	67	52	48	15	38	52	07	28	72	79	8
23	69	55	45	14	37	53	09	31	69	78	7
24	70	57	43	13	36	54	10	33	67	77	6
25	9,83 71	9,97 60	0,02 40	9,86 12	35	55	9,84 11	9,98 36	0,01 64	9,85 75	5
26	73	62	38	10	34	56	12	38	62	74	4
27	74	65	35	09	33	57	14	41	59	73	3
28	75	67	33	08	32	58	15	43	57	72	2
29	77	70	30	07	31	59	16	46	54	71	1
	₤cos	₤ctg	₤tg	₤sin	′		₤cos	₤ctg	₤tg	₤sin	′

46°

IV. Logarithmen der goniometrischen Funktionen.

44°

′	ₗsin	ₗtg	ₗctg	ₗcos		′	ₗsin	ₗtg	ₗctg	ₗcos	
0	9,84 18	9,98 48	0,01 52	9,85 69		**30**	9,84 57	9,99 24	0,00 76	9,85 32	30
1	19	51	49	68	59	31	58	27	73	31	29
2	20	53	47	67	58	32	59	29	71	30	28
3	22	56	44	66	57	33	60	32	68	29	27
4	23	58	42	64	56	34	62	34	66	27	26
5	9,84 24	9,98 61	0,01 39	9,85 63	55	**35**	9,84 63	9,99 37	0,00 63	9,85 26	25
6	26	64	36	62	54	36	64	39	61	25	24
7	27	66	34	61	53	37	66	42	58	24	23
8	28	69	31	60	52	38	67	44	56	22	22
9	29	71	29	58	51	39	68	47	53	21	21
10	9,84 31	9,98 74	0,01 26	9,85 57	**50**	**40**	9,84 69	9,99 49	0,00 51	9,85 20	**20**
11	32	76	24	56	49	41	71	52	48	19	19
12	33	79	21	55	48	42	72	55	45	17	18
13	35	81	19	53	47	43	73	57	43	16	17
14	36	84	16	52	46	44	75	60	40	15	16
15	9,84 37	9,98 86	0,01 14	9,85 51	45	**45**	9,84 76	9,99 62	0,00 38	9,85 14	15
16	39	89	11	50	44	46	77	65	35	12	14
17	40	91	09	48	43	47	78	67	33	11	13
18	41	94	06	47	42	48	80	70	30	10	12
19	42	96	04	46	41	49	81	72	28	09	11
20	9,84 44	9,98 99	0,01 01	9,85 45	**40**	**50**	9,84 82	9,99 75	0,00 25	9,85 07	**10**
21	45	99 01	00 99	44	39	51	83	77	23	06	9
22	46	04	96	42	38	52	85	80	20	05	8
23	48	07	93	41	37	53	86	82	18	04	7
24	49	09	91	40	36	54	87	85	15	02	6
25	9,84 50	9,99 12	0,00 88	9,85 39	35	**55**	9,84 89	9,99 87	0,00 13	9,85 01	5
26	51	14	86	37	34	56	90	90	10	00	4
27	53	17	83	36	33	57	91	92	08	84 99	3
28	54	19	81	35	32	58	92	95	05	97	2
29	55	22	78	34	31	59	94	97	03	96	1
30	9,84 57	9,99 24	0,00 76	9,85 32	**30**	**60**	9,84 95	0,00 00	0,00 00	9,84 95	**0**
	ₗcos	ₗctg	ₗtg	ₗsin	′		ₗcos	ₗctg	ₗtg	ₗsin	′

45°

V. Bogenlänge für $r = 1$.

	Grade								Minuten			
0	0,00 00	30	0,52 36	60	1,04 72	90	1,57 08	0	0,00 00	30	0,00 87
1	01 75	31	54 11	61	06 47	100	74 53	1	00 03	31	00 90
2	03 49	32	55 85	62	08 21	110	91 99	2	00 06	32	00 93
3	05 24	33	57 60	63	09 96	120	2,09 44	3	00 09	33	00 96
4	06 98	34	59 34	64	11 70	130	26 89	4	00 12	34	00 99
5	0,08 73	35	0,61 09	65	1,13 45	140	2,44 35	5	0,00 15	35	0,01 02
6	10 47	36	62 83	66	15 19	150	61 80	6	00 17	36	01 05
7	12 22	37	64 58	67	16 94	160	79 25	7	00 20	37	01 08
8	13 96	38	66 32	68	18 68	170	96 71	8	00 23	38	01 11
9	15 71	39	68 07	69	20 43	180	3,14 16	9	00 26	39	01 13
10	0,17 45	40	0,69 81	70	1,22 17	200	3,49 07	10	0,00 29	40	0,01 16
11	19 20	41	71 56	71	23 92	210	66 52	11	00 32	41	01 19
12	20 94	42	73 30	72	25 66	220	83 97	12	00 35	42	01 22
13	22 69	43	75 05	73	27 41	230	4,01 43	13	00 38	43	01 25
14	24 43	44	76 79	74	29 15	240	18 88	14	00 41	44	01 28
15	0,26 18	45	0,78 54	75	1,30 90	250	4,36 33	15	0,00 44	45	0,01 31
16	27 93	46	80 29	76	32 65	260	53 79	16	00 47	46	01 34
17	29 67	47	82 03	77	34 39	270	71 24	17	00 49	47	01 37
18	31 42	48	83 78	78	36 14	280	88 69	18	00 52	48	01 40
19	33 16	49	85 52	79	37 88	290	5,06 15	19	00 55	49	01 43
20	0,34 91	50	0,87 27	80	1,39 63	300	5,23 60	20	0,00 58	50	0,01 45
21	36 65	51	89 01	81	41 37	330	75 96	21	00 61	51	01 48
22	38 40	52	90 76	82	43 12	360	6,28 32	22	00 64	52	01 51
23	40 14	53	92 50	83	44 86			23	00 67	53	01 54
24	41 89	54	94 25	84	46 61			24	00 70	54	01 57
25	0,43 63	55	0,95 99	85	1,48 35	**Sekunden**		25	0,00 73	55	0,01 60
26	45 38	56	97 74	86	50 10			26	00 76	56	01 63
27	47 12	57	99 48	87	51 84	10	0,00 00	27	00 79	57	01 66
28	48 87	58	1,01 23	88	53 59	20	00 01	28	00 81	58	01 69
29	50 61	59	02 97	89	55 33	30	00 01	29	00 84	59	01 72
						40	00 02				
30	0,52 36	60	1,04 72	90	1,57 08	50	00 02	30	0,00 87	60	0,01 75

VI. Sterblichkeits

n	l	ℓl	t	n	l	ℓl	t
0	10 000	4,00 00		25	6 478	3,81 14	
1	7 833	3,89 39	2167	26	6 439	80 88	39
2	7 434·	87 12	399	27	6 400	80 6_2	39
3	7 270	86 15	164	28	6 361	80 35	39
4	7 163	85 5_1	107	29	6 320	80 07	41
5	7 086	3,85 04	77	30	6 279	3,79 7_9	41
6	7 030	84 7_0	56	31	6 237	79 5_0	42
7	6 985	84 42	45	32	6 193	79 19	44
8	6 950	84 2_0	35	33	6 148	78 87	45
9	6 921	84 0_2	29	34	6 102	78 5_5	46
10	6 896	3,83 8_6	25	35	6 054	3,78 20	48
11	6 875	83 7_3	21	36	6 005	77 85	49
12	6 856	83 6_1	19	37	5 953	77 47	52
13	6 837	83 49	19	38	5 900	77 0_9	53
14	6 817	83 3_6	20	39	5 846	76 6_9	54
15	6 797	3,83 23	20	40	5 790	3,76 27	56
16	6 775	83 09	22	41	5 732	75 83	58
17	6 750	82 93	25	42	5 673	75 38	59
18	6 722	82 7_5	28	43	5 612	74 91	61
19	6 691	82 5_5	31	44	5 550	74 4_3	62
20	6 658	3,82 33	33	45	5 486	3,73 9_3	64
21	6 624	82 11	34	46	5 420	73 4_0	66
22	6 588	81 8_8	36	47	5 353	72 8_6	67
23	6 552	81 6_4	36	48	5 284	72 3_0	69
24	6 515	81 39	37	49	5 211	71 69	73
25	6 478	3,81 14	37	50	5 135	3,71 05	76

| n | l | ℓl | t | n | l | ℓl | t |

Tafel.

n	l	₤l	t
50	5 135	3,71 05	80
51	5 055	70 37	83
52	4 972	69 65	87
53	4 885	68 8<u>9</u>	90
54	4 795	68 0<u>8</u>	95
55	4 700	3,67 2<u>1</u>	99
56	4 601	66 2<u>9</u>	104
57	4 497	65 29	109
58	4 388	64 2<u>3</u>	115
59	4 273	63 07	120
60	4 153	3,61 8<u>4</u>	127
61	4 026	60 4<u>9</u>	133
62	3 893	59 0<u>3</u>	139
63	3 754	57 4<u>5</u>	147
64	3 607	55 71	154
65	3 453	3,53 8<u>2</u>	160
66	3 293	51 7<u>6</u>	165
67	3 128	49 5<u>3</u>	171
68	2 957	47 0<u>9</u>	175
69	2 782	<u>44 44</u>	179
70	2 603	3,41 5<u>5</u>	183
71	2 420	38 38	185
72	2 235	34 9<u>3</u>	187
73	2 048	31 13	185
74	1 863	27 02	184
75	1 679	3,22 5<u>1</u>	

n	l	₤l	t
75	1 679	3,22 5<u>1</u>	180
76	1 499	17 58	174
77	1 325	12 22	166
78	1 159	06 4<u>1</u>	158
79	1 001	00 04	147
80	854	2,93 1<u>5</u>	136
81	718	85 61	124
82	594	77 3<u>8</u>	110
83	484	68 48	98
84	386	58 6<u>6</u>	84
85	302	2,48 00	70
86	232	36 5<u>5</u>	57
87	175	24 30	46
88	129	11 0<u>6</u>	36
89	93	1,96 8<u>5</u>	28
90	65	1,81 29	20
91	45	65 32	15
92	30	47 71	11
93	19	27 8<u>8</u>	7
94	12	07 9<u>2</u>	4
95	8	0,90 3<u>1</u>	3
96	5	69 9<u>0</u>	2
97	3	47 71	1
98	2	30 10	1
99	1	0,00 00	1
100	0	—	

VII. Quadrat- und Kubikzahlen, Quadrat-

$\sqrt{n}$	n^2	n	n^3	$\sqrt[3]{n}$	$\sqrt{n}$	n^2	n	n^3	$\sqrt[3]{n}$
1,00 00	1	1	1	1,00 00	5,83 10	1 156	34	39 304	3,23 96
41 42	4	2	8	25 99	91 61	1 225	35	42 875	27 11
73 21	9	3	27	44 22	6,00 00	1 296	36	46 656	30 19
2,00 00	16	4	64	58 74	08 28	1 369	37	50 653	33 22
2,23 61	25	5	125	1,71 00	16 44	1 444	38	54 872	36 20
44 95	36	6	216	81 71	24 50	1 521	39	59 319	39 12
64 58	49	7	343	91 29	6,32 46	1 600	40	64 000	3,42 00
82 84	64	8	512	2,00 00	40 31	1 681	41	68 921	44 82
3,00 00	81	9	729	08 01	48 07	1 764	42	74 088	47 60
3,16 23	100	10	1 000	2,15 44	55 74	1 849	43	79 507	50 34
31 66	121	11	1 331	22 40	63 32	1 936	44	85 184	53 03
46 41	144	12	1 728	28 94	6,70 82	2 025	45	91 125	3,55 69
60 56	169	13	2 197	35 13	78 23	2 116	46	97 336	58 30
74 17	196	14	2 744	41 01	85 66	2 209	47	103 823	60 88
3,87 30	225	15	3 375	2,46 62	92 82	2 304	48	110 592	63 42
4,00 00	256	16	4 096	51 98	7,00 00	2 401	49	117 649	65 93
12 31	289	17	4 913	57 13	7,07 11	2 500	50	125 000	3,68 40
24 26	324	18	5 832	62 07	14 14	2 601	51	132 651	70 84
35 89	361	19	6 859	66 84	21 11	2 704	52	140 608	73 25
4,47 21	400	20	8 000	2,71 44	28 01	2 809	53	148 877	75 63
58 26	441	21	9 261	75 89	34 85	2 916	54	157 464	77 98
69 04	484	22	10 648	80 20	7,41 62	3 025	55	166 375	3,80 30
79 58	529	23	12 167	84 39	48 33	3 136	56	175 616	82 59
89 90	576	24	13 824	88 45	54 98	3 249	57	185 193	84 85
5,00 00	625	25	15 625	2,92 40	61 58	3 364	58	195 112	87 09
09 90	676	26	17 576	96 25	68 11	3 481	59	205 379	89 30
19 62	729	27	19 683	3,00 00	7,74 60	3 600	60	216 000	3,91 49
29 15	784	28	21 952	03 66	81 02	3 721	61	226 981	93 65
38 52	841	29	24 389	07 23	87 40	3 844	62	238 328	95 79
5,47 72	900	30	27 000	3,10 72	93 73	3 969	63	250 047	97 91
56 78	961	31	29 791	14 14	8,00 00	4 096	64	262 144	4,00 00
65 69	1 024	32	32 768	17 48	8,06 23	4 225	65	274 625	02 07
74 46	1 089	33	35 937	20 75	12 40	4 356	66	287 496	04 12
$\sqrt{n}$	n^2	n	n^3	$\sqrt[3]{n}$	$\sqrt{n}$	n^2	n	n^3	$\sqrt[3]{n}$

und Kubikwurzeln.

$\sqrt{n}$	n^2	n	n^3	$\sqrt[3]{n}$
8,18 5<u>4</u>	4 489	67	300 763	4,06 15
24 62	4 624	68	314 432	08 1<u>7</u>
30 66	4 761	69	328 509	10 1<u>6</u>
8,36 66	4 900	**70**	343 000	4,12 1<u>3</u>
42 61	5 041	71	357 911	14 08
48 5<u>3</u>	5 184	72	373 248	16 02
54 40	5 329	73	389 017	17 93
60 23	5 476	74	405 224	19 83
66 0<u>3</u>	5 625	75	421 875	21 7<u>2</u>
71 78	5 776	76	438 976	23 58
77 5<u>0</u>	5 929	77	456 533	25 43
83 1<u>8</u>	6 084	78	474 552	27 27
88 8<u>2</u>	6 241	79	493 039	29 08
8,94 4<u>3</u>	6 400	**80**	512 000	4,30 8<u>9</u>
9,00 00	6 561	81	531 441	32 67
05 5<u>4</u>	6 724	82	551 368	34 4<u>5</u>
11 04	6 889	83	571 787	36 2<u>1</u>
16 5<u>2</u>	7 056	84	592 704	37 95
21 95	7 225	85	614 125	39 68
27 36	7 396	86	636 056	41 40
32 7<u>4</u>	7 569	87	658 503	43 10
38 08	7 744	88	681 472	44 8<u>0</u>
43 4<u>0</u>	7 921	89	704 969	46 47
9,48 68	8 100	**90**	729 000	4,48 14
53 9<u>4</u>	8 281	91	753 571	49 79
59 1<u>7</u>	8 464	92	778 688	51 4<u>4</u>
64 3<u>7</u>	8 649	93	804 357	53 0<u>7</u>
69 5<u>4</u>	8 836	94	830 584	54 68
74 68	9 025	95	857 375	56 29
79 8<u>0</u>	9 216	96	884 736	57 8<u>9</u>
84 8<u>9</u>	9 409	97	912 673	59 47
89 9<u>5</u>	9 604	98	941 192	61 04
94 9<u>9</u>	9 801	99	970 299	62 6<u>1</u>
$\sqrt{n}$	n^2	n	n^3	$\sqrt[3]{n}$

VIII. Potenztafel.

n	2	3	4	5	6
n^2	4	9	16	25	36
n^3	8	27	64	125	216
n^4	16	81	256	625	1 296
n^5	32	243	1 024	3 125	7 776
n^6	64	729	4 096	15 625	46 656
n^7	128	2 187	16 384	78 125	279 936
n^8	256	6 561	65 536	390 625	1 679 616
n^9	512	19 683	262 144	1 953 125	10 077 696
n^{10}	1024	59 049	1 048 576	9 765 625	60 466 176

IX. Binomialkoeffizienten und Fakultäten.

1	1					39 916 800 =	11!
1	2					3 628 800 =	10!
1	3	3				362 880 =	9!
1	4	6				40 320 =	8!
						5 040 =	7!
1	5	10	10			720 =	6!
1	6	15	20				
1	7	21	35	35		120 =	5!
1	8	28	56	70		24 =	4!
1	9	36	84	126	126	6 =	3!
						2 =	2!
1	10	45	120	210	252	1 =	1!

X. Zinsfaktoren und

n	2%		3%		3¼%		3½%		3¾%	
	f^n	lf^n	f^n	lf^n	f^n	lf^n	f^n	lf^n	f^n	lf^n
1	1,020	0,00 86	1,030	0,01 28	1,033	0,01 39	1,035	0,01 49	1,038	0,01 60
2	040	01 72	061	02 57	066	02 78	071	02 99	076	03 20
3	061	02 58	093	03 85	101	04 17	109	04 48	117	04 80
4	082	03 44	126	05 13	137	05 56	148	05 98	159	06 40
5	1,104	0,04 30	1,159	0,06 42	1,173	0,06 95	1,188	0,07 47	1,202	0,07 99
6	126	05 16	194	07 70	212	08 33	229	08 96	247	09 59
7	149	06 02	230	08 99	251	09 72	272	10 46	294	11 19
8	172	06 88	267	10 27	292	11 11	317	11 95	342	12 79
9	195	07 74	305	11 55	334	12 50	363	13 45	393	14 39
10	1,219	0,08 60	1,344	0,12 84	1,377	0,13 89	1,411	0,14 94	1,445	0,15 99
11	243	09 46	384	14 12	422	15 28	460	16 43	499	17 59
12	268	10 32	426	15 40	468	16 67	511	17 93	555	19 19
13	294	11 18	469	16 69	516	18 06	564	19 42	614	20 78
14	319	12 04	513	17 97	565	19 45	619	20 92	674	22 38
15	1,346	0,12 90	1,558	0,19 26	1,616	0,20 84	1,675	0,22 41	1,737	0,23 98
16	373	13 76	605	20 54	668	22 22	734	23 90	802	25 58
17	400	14 62	653	21 82	722	23 61	795	25 40	870	27 18
18	428	15 48	702	23 11	778	25 00	857	26 89	940	28 78
19	457	16 34	754	24 39	836	26 39	923	28 39	2,013	30 38
20	1,486	0,17 20	1,806	0,25 67	1,896	0,27 78	1,990	0,29 88	2,088	0,31 98
25	641	21 50	2,094	32 09	2,225	34 73	2,363	37 35	510	39 97
30	811	25 80	427	38 51	610	41 67	807	44 82	3,017	47 96
40	2,208	34 40	3,262	51 35	3,594	55 56	3,959	59 76	4,360	63 95
50	692	43 00	4,384	64 19	4,949	69 45	5,585	74 70	6,301	79 94
60	3,281	0,51 60	5,892	0,77 02	6,814	0,83 34	7,878	0,89 64	9,105	0,95 93
70	4,000	60 20	7,918	89 86	9,382	97 23	11,113	1,04 58	13,157	1,11 92
80	875	68 80	10,641	1,02 70	12,918	1,11 12	15,676	19 52	19,013	27 90
90	5,943	77 40	14,300	15 53	17,787	25 01	22,112	34 46	27,475	43 89
100	7,245	86 00	19,219	28 37	24,491	38 90	31,191	49 40	39,702	59 88

Logarithmus des Zinses für 1 ℳ und 1 Tag, das Jahr zu $\begin{cases} 360 \text{ Tagen:} \\ 365 \text{ Tagen:} \end{cases}$

deren Potenzen.

n	4%		4¼%		4½%		4¾%		5%	
	f^n	lf^n	f^n	lf^n	f^n	lf^n	f^n	lf^n	f^n	lf^n
1	1,040	0,01 70	1,043	0,01 81	1,045	0,01 91	1,048	0,02 02	1,050	0,02 12
2	082	03 41	087	03 62	092	03 82	097	04 03	103	04 24
3	125	05 11	133	05 42	141	05 73	149	06 05	158	06 36
4	170	06 81	181	07 23	193	07 65	204	08 06	216	08 48
5	1,217	0,08 52	1,231	0,09 04	1,246	0,09 56	1,261	0,10 08	1,276	0,10 59
6	265	10 22	284	10 85	302	11 47	321	12 09	340	12 71
7	316	11 92	338	12 65	361	13 38	384	14 11	407	14 83
8	369	13 63	395	14 46	422	15 29	450	16 12	477	16 95
9	423	15 33	454	16 27	486	17 20	518	18 14	551	19 07
10	1,480	0,17 03	1,516	0,18 08	1,553	0,19 12	1,591	0,20 15	1,629	0,21 19
11	539	18 74	581	19 88	623	21 03	666	22 17	710	23 31
12	601	20 44	648	21 69	696	22 94	745	24 18	796	25 43
13	665	22 14	718	23 50	772	24 85	828	26 20	886	27 55
14	732	23 85	791	25 31	852	26 76	915	28 22	980	29 67
15	1,801	0,25 55	1,867	0,27 11	1,935	0,28 67	2,006	0,30 23	2,079	0,31 78
16	873	27 25	946	28 92	2,022	30 59	101	32 25	183	33 90
17	948	28 96	2,029	30 73	113	32 50	201	34 26	292	36 02
18	2,026	30 66	115	32 54	208	34 41	306	36 28	407	38 14
19	107	32 36	205	34 34	308	36 32	415	38 29	527	40 26
20	2,191	0,34 07	2,299	0,36 15	2,412	0,38 23	2,530	0,40 31	2,653	0,42 38
25	666	42 58	831	45 19	3,005	47 79	3,190	50 39	3,386	52 97
30	3,243	51 10	3,486	54 23	745	57 35	4,024	60 46	4,322	63 57
40	4,801	68 13	5,285	72 30	5,816	76 47	6,400	80 62	7,040	84 76
50	7,107	85 17	8,013	90 38	9,033	95 58	10,179	1,00 77	11,467	1,05 95
60	10,520	1,02 20	12,150	1,08 46	14,027	1,14 70	16,190	1,20 92	18,679	1,27 14
70	15,572	19 23	18,422	26 53	21,784	33 81	25,750	41 08	30,426	48 33
80	23,050	36 27	27,931	44 61	33,830	52 93	40,956	61 23	49,561	69 51
90	34,119	53 30	42,349	62 68	52,537	72 05	65,142	81 14	80,730	90 70
100	50,505	70 33	64,211	80 76	81,589	91 16	103,610	2,01 54	131,501	2,11 89

2%	3%	3¼%	3½%	3¾%	4%	4¼%	4½%	4¾%	5%	
5,74 47	5,92 08	5,95 56	5,98 78	6,01 77	6,04 58	6,07 21	6,09 69	6,12 04	6,14 27	(−10)
5,73 87	5,91 48	5,94 96	5,98 18	6,01 17	6,03 98	6,06 61	6,09 09	6,11 44	6,13 67	

XI. Astronomische Angaben.

Planeten	Äquator-Halbmesser km	Dichte	Mittlere Entfernung von der Sonne Mill. km	E=1	Siderische Umlaufszeit J. T.	Mittl. Bahn-Geschw. km	Umdr.-Geschw. am Äquator m
Merkur	2400	0,8	58	0,4	88	47	174
Venus	6360	0,9	108	0,7	225	35	475
Erde	6377	1	149	1	1=365	28	465
Mars	3390	0,7	227	1,5	1,88	24	240
Kl. Plan.	—	—	318—589	2—4	3—8	(15)	—
Jupiter	72000	0,24	777	5,2	11,86	13	12500
Saturn	59000	0,13	1424	9,5	29,46	9,5	10000
Uranus	25000	0,23	2864	19,2	84,02	6,5	—
Neptun	32000	0,21	4487	30	164,8	5,4	—

	Durchmesser scheinbarer	wirklicher 10^3 km	Horizont. Parallaxe	Mittlere Entfernung von der Erde Erdhalbm.	10^3 km
Sonne	32'	1390	8,8''	23300	149000
Mond	31'	3,5	57'	60	385

Masse der Sonne in Erdm. 324500
Masse d. Mondes in Erdm. 0,0123
Sid. Jahr = $365^d\,6^h\,10^m = 365,26^d$
Trop. ,, = $365^d\,5^h\,49^m = 365,242^d$
Sid. Uml.-Zeit d. Mondes = $27,322^d$
Synod. ,, ,, ,, = $29,531^d$

Sonnenorte und Zeitgleichung (1928).

Tag	Der Sonne Länge i. d. Ekl.	Abweichung nördl.+, südl.−	Zeitgl.= MZ−WZ	Tag	Der Sonne Länge i. d. Ekl.	Abweichung nördl.+, südl.−	Zeitgl.= MZ−WZ
Jan. 1.	279° 54'	− 23° 5'	+ 3 m	Juli 10.	108° 10'	+ 22° 15'	+ 5 m
11.	289 45	− 21 7	+ 8	20.	118 1	+ 20 40	+ 6
21.	299 37	− 20 7	+11	30.	127 53	+ 18 31	+ 6
31.	309 28	− 17 39	+13	Aug. 9.	137 44	+ 15 52	+ 5
Febr. 10.	319 20	− 14 39	+14	19.	147 35	+ 12 47	+ 4
20.	329 11	− 11 16	+14	29.	157 27	+ 9 22	+ 1
März 2.	339 33	− 7 11	+12	Sept. 8.	167 18	+ 5 42	− 2
12.	349 53	− 3 18	+10	18.	177 10	+ 1 52	− 6
22.	359 45	+ 0 39	+ 7	28.	187 1	− 2 2	− 9
April 1.	9 36	+ 4 33	+ 4	Okt. 8.	196 52	− 5 54	−12
11.	19 27	+ 8 20	+ 1	18.	206 44	− 9 38	−15
21.	29 19	+ 12 13	− 1	28.	216 35	− 13 8	−16
Mai 1.	39 10	+ 15 5	− 3	Nov. 7.	226 26	− 16 18	−16
11.	49 1	+ 17 53	− 4	17.	236 18	− 19 0	−15
21.	58 53	+ 20 12	− 4	27.	246 9	− 21 9	−12
31.	68 44	+ 21 55	− 3	Dez. 7.	256 1	− 22 37	− 8
Juni 10.	78 35	+ 23 1	− 1	17.	265 52	− 23 22	− 4
20.	88 27	+ 23 27	+ 1	27.	275 43	− 23 20	+ 1
30.	98 18	+ 23 11	+ 3				

XII. Geographische Angaben.

Erdmaße	Werte	L
Halbe **große** Axe a (Äquator-Halbmesser)	6 377 km	3,80 46
Halbe kleine Axe b (Pol-Halbmesser)	6 356 „	3,80 3$\underline{2}$
Äquator-Umfang $2\pi a$	40 070 „	4,60 28
Ein Grad des Äquator-Umfangs	111,3 „	2,04 65
Meridian-Umfang	40 003 „	4,60 2$\underline{1}$
Ein (kleinster) Grad d. Mer.-Umf. v. 0° bis 1° . . .	110,6 „	2,04 36
Ein (mittlerer) „ „ „ „ „ 45° „ 46°	111,1 „	2,04 59
Ein (größter) „ „ „ „ „ 89° „ 90°	111,7 „	2,04 80
Abplattung $(a-b):a$ . . . . $= 1:299,2$	0,00 33	$\overline{3}$,52 41
Exzentrizität $e = \sqrt{(a^2-b^2):a^2}$	0,08 17	$\overline{2}$,91 22
$\sqrt{1-e^2}$	0,99 67	$\overline{1}$,99 85
Oberfläche des Erdsphäroids	$510 \cdot 10^6$ qkm	8,70 75
Rauminhalt des Erdsphäroids	$1083 \cdot 10^9$ ckm	12,03 4$\underline{6}$
Mittleres spezifisches Gewicht der Erde	5,6	0,74 82
Gewicht der Erde	$606\dot{5} \cdot 10^{18}$ t	2$\overline{1}$,78 28
Halbm. d. Kreises, dessen Umf. = dem Merid.-Umf.	6 367 km	3,80 39
Halbm. d. Kugel, deren Oberfl. = der d. Erdsphäroids	6 370 „	3,80 4$\underline{2}$
Halbm. d. Kugel, deren Inhalt = dem d. Erdsphäroids	6 370 „	3,80 4$\underline{2}$

1 geogr. Meile = 7,42 km ($L = 0,87\ 04$);
1 engl. Meile = 1,61 km ($L = 0,20\ 66$).

Beschleunigung g durch die Schwere in der geogr. Breite φ:

φ	g	Lg	$L\dfrac{1}{2g}$	$L\sqrt{2g}$	$\dfrac{g}{\pi^2}$
					m
0°	9,780	0,99 03	$\overline{2}$,70 86	0,64 57	0,991
40	801	13	77	6$\underline{2}$	993
46	806	15	7$\underline{5}$	63	994
48	808	1$\underline{6}$	7$\underline{4}$	63	99$\underline{4}$
50	9,810	0,99 1$\underline{7}$	$\overline{2}$,70 73	0,64 64	0,99$\underline{4}$
52	812	17	72	6$\underline{4}$	994
54	813	18	7$\underline{2}$	64	994
56	815	19	7$\underline{1}$	65	994
60	9,818	0,99 20	$\overline{2}$,70 69	0,64 65	0,995
90	83$\underline{1}$	2$\underline{6}$	6$\underline{4}$	68	996

Sternwarten	Geographische Breite	Östliche Länge von Gr.	Zeitunterschied gegen Gr.
Berlin . . .	+52° 30'	13° 24'	+0h 54m
Bern . . .	+46 57	7 26	+0 3$\underline{0}$
Bombay . .	+18 54	72 49	+4 51
Greenwich .	+51 29	0	0
Kapstadt .	−33 56	18° 29'	−1h 14m
Melbourne .	−37 50	144 59	+9 40
München . .	+48 9	11 37	+0 46
Paris . . .	+48 50	2 20	+0 9
Pulkowa (Ptrsb.)	+59 46	30 20	+2 1
Rom . . .	+41 54	12 29	+0 50
San Francisco .	+37 47	237 34	−8 10
Tokio . . .	+35 39	139 45	+9 19
Washington .	+38 54	282 57	−5 8
Wien . . .	+48 14	16 20	+1 5

Ferro liegt 17° 39³/₄' w. Gr.

XIII. Von π abhängige Werte.

	Werte	log	Rezipr.	Werte	log
π	3,1416	0,4971	$1:\pi$	0,3183	$\bar{1},5029$
2π	6,2832	0,7982	$1:2\pi$	0,1592	$\bar{1},2018$
4π	12,5664	1,0992	$1:4\pi$	0,0796	$\bar{2},9008$
$\dfrac{\pi}{2}$	1,5708	0,1961	$\dfrac{2}{\pi}$	0,6366	$\bar{1},8039$
$\dfrac{\pi}{3}$	1,0472	0,0200	$\dfrac{3}{\pi}$	0,9549	$\bar{1},9800$
$\dfrac{4\pi}{3}$	4,1888	0,6221	$\dfrac{3}{4\pi}$	0,2387	$\bar{1},3779$
$\dfrac{\pi}{4}$	0,7854	$\bar{1},8951$	$\dfrac{4}{\pi}$	1,2732	0,1049
$\dfrac{\pi}{6}$	0,5236	$\bar{1},7190$	$\dfrac{6}{\pi}$	1,9099	0,2810
π^2	9,8696	0,9943	$1:\pi^2$	0,1013	$\bar{1},0057$
$\sqrt{\pi}$	1,7725	0,2486	$1:\sqrt{\pi}$	0,5642	$\bar{1},7514$
$2\sqrt{\pi}$	3,5449	0,5496	$1:2\sqrt{\pi}$	0,2821	$\bar{1},4504$
$\tfrac{1}{2}\sqrt{\pi}$	0,8862	$\bar{1},9475$	$2:\sqrt{\pi}$	1,1283	0,0524
$\sqrt{\dfrac{\pi}{3}}$	1,0233	0,0100	$\sqrt{\dfrac{3}{\pi}}$	0,9772	$\bar{1},9900$
$\sqrt[3]{\pi}$	1,4646	0,1657	$1:\sqrt[3]{\pi}$	0,6828	$\bar{1},8343$
$\sqrt[3]{\dfrac{4\pi}{3}}$	1,6120	0,2074	$\sqrt[3]{\dfrac{3}{4\pi}}$	0,6204	$\bar{1},7926$
$\sqrt[3]{\dfrac{\pi}{6}}$	0,8060	$\bar{1},9063$	$\sqrt[3]{\dfrac{6}{\pi}}$	1,2407	0,0937
$\sqrt[3]{\pi^2}$	2,1450	0,3314	$1:\sqrt[3]{\pi^2}$	0,4662	$\bar{1},6686$

XV. Geschwindigkeiten (1 Sek.).

Fußgänger	1,4 m	Gewehrkugel	500 m
Schnelläufer	7 „	Kanonenkugel	700 „
Rennpferd	12 „	Schall in d. Luft	333 „
Brieftaube	15 „	Erdpunkt am Äq.	465 „
Eilzug	15—24 „	„ in 50° Br.	298 „
Schwalbe	bis 45 „	Mond um d. Erde	1,01 km
Dampfschiff	3—8 „	Erde um d. Sonne	29,5 „
Wind, mäßig	4—7 „	Licht u. el. Strom	$3 \cdot 10^5$ „
„ Sturm	18—30 „	Telegraphie	12 000 „

$e = 2,7183$; $\ell e = 0,4343$.

XIV. Spezifische Gewichte.

Stoffe	s	ℓs
Kork	0,24	$\bar{1},3802$
Holz, ⎧ Tanne	0,6	$\bar{1},7782$
lufttr. ⎩ Buche u. Eiche	0,8	$\bar{1},9031$
Eis	0,92	$\bar{1},9638$
Erdboden	2,0	0,3010
Sandstein	2,5	0,3979
Glas	2,6	0,4150
Schwerspat	4,5	0,6532
Steinkohle	1,3	0,1139
Aluminium	2,7	0,4314
Blei	11,3	1,0531
Eisen, Gußeisen	7,2	0,8573
„ Schmiedeisen	7,8	0,8921
Gold	19,3	1,2856
Kupfer	8,9	0,9494
Messing	8,5	0,9294
Nickel	8,8	0,9445
Platin	21,4	1,3304
Silber	10,5	1,0212
Münzsilb. (900 T)	10,1	1,0043
Alkohol	0,8	$\bar{1},9031$
Öl	0,9	$\bar{1},9542$
Schwefelsäure	1,8	0,2553
Quecksilber	13,6	1,1335
Luft	0,0013	$\bar{3},1139$
Leuchtgas	0,0006	$\bar{4},7782$

1 l Luft wiegt b. 0° unt. 45° g. Br.
$= \tfrac{1}{773}$ kg $= 1,2927$ g ($\ell = 0,1115$).

XVI. Der dem Halbmesser gleiche Bogen ϱ ist:

	ϱ	$\ell\varrho$
in Graden	$= 57,29578$	1,7581
in Minuten	$= 3437,747$	3,5363
in Sekunden	$= 206264,8$	5,3144

Arithmetik.

1. Potenzen.

Definition: $a^3 = a \cdot a \cdot a$, allgemein $a^m = \underbrace{a \cdot a \cdot \cdots a}_{m=\text{mal}}$.

1. $a^m \cdot a^n = a^{m+n}$,   3. $(a \cdot b)^m = a^m \cdot b^m$,
2. $a^m : a^n = a^{m-n}$,   4. $(a : b)^m = a^m : b^m$,
3. $(a^m)^n = a^{mn} = (a^n)^m$.

Erweiterungen: 1. $a^1 = a$,   2. $a^0 = 1$,   3. $a^{-m} = \dfrac{1}{a^m}$.

2. Wurzeln.

Definition: $\left(\sqrt[m]{a}\right)^m = a$, also auch $\sqrt[m]{a^m} = a$.

1. $\sqrt[m]{a \cdot b} = \sqrt[m]{a} \cdot \sqrt[m]{b}$,   3. $\sqrt[m]{a^n} = \left(\sqrt[m]{a}\right)^n$,
2. $\sqrt[m]{a : b} = \sqrt[m]{a} : \sqrt[m]{b}$,   4. $\sqrt[m]{a^n} = \sqrt[m \cdot p]{a^{n \cdot p}}$ oder $= \sqrt[m:p]{a^{n:p}}$,
3. $\sqrt[m]{\sqrt[n]{a}} = \sqrt[mn]{a} = \sqrt[n]{\sqrt[m]{a}}$.

Erweiterung: $a^{\frac{1}{m}} = \sqrt[m]{a}$, allgemein $a^{\frac{n}{m}} = \sqrt[m]{a^n}$.

3. Logarithmen.

Definition: Ist $10^{0{,}3010} = 2$, so ist $\underset{10}{\log} 2 = 0{,}3010$,
allgemein $b^{\log_b n} = n$.

1. $\log(a \cdot b) = \log a + \log b$,   3. $\log a^m = m \log a$,
2. $\log(a : b) = \log a - \log b$,   4. $\log \sqrt[m]{a} = \dfrac{1}{m} \log a$,
3. $\log a = \dfrac{l\,a}{l\,10} = 0{,}434\, l\,a$, also $l\,a = \log a \cdot l\,10 = 2{,}303 \log a$.

Goniometrie.

1. Vorzeichen.

Quadrant	1.	2.	3.	4.
sin	+	+	−	−
cos	+	−	−	+
tg	+	−	+	−
cot	+	−	+	−

$\sin(90^0 - \alpha) = \cos\alpha \qquad \sin(180^0 - \alpha) = +\sin\alpha$

$\cos(90^0 - \alpha) = \sin\alpha \qquad \cos(180^0 - \alpha) = -\cos\alpha$

$\operatorname{tg}(90^0 - \alpha) = \cot\alpha \qquad \operatorname{tg}(180^0 - \alpha) = -\operatorname{tg}\alpha$

$\cot(90^0 - \alpha) = \operatorname{tg}\alpha \qquad \cot(180^0 - \alpha) = -\cot\alpha$

2. Sonderwerte.

$\begin{cases}\sin\\=\\\cos\end{cases}$	0^0	30^0	45^0	60^0	90^0
sin	0	$\tfrac{1}{2}$	$\tfrac{1}{2}\sqrt{2}$	$\tfrac{1}{2}\sqrt{3}$	1
cos	90^0	60^0	45^0	30^0	0^0

$\begin{cases}\operatorname{tg}\\=\\\cot\end{cases}$	0^0	30^0	45^0	60^0	90^0
tg	0	$\tfrac{1}{3}\sqrt{3}$	1	$\sqrt{3}$	∞
cot	90^0	60^0	45^0	30^0	0^0

	90^0	180^0	270^0	360^0
sin	1	0	−1	0
cos	0	−1	0	1
tg	$\pm\infty$	0	$\pm\infty$	0
cot	0	$\mp\infty$	0	$\mp\infty$

3. Beziehungen zwischen den Funktionen desselben Winkels.

a) $\sin^2\alpha + \cos^2\alpha = 1$, also $\sin\alpha = \sqrt{1-\cos^2\alpha}$ und $\cos\alpha = \sqrt{1-\sin^2\alpha}$.

b) $\operatorname{tg}\alpha = \dfrac{\sin\alpha}{\cos\alpha}$, $\cot\alpha = \dfrac{\cos\alpha}{\sin\alpha}$, also $\operatorname{tg}\alpha \cdot \cot\alpha = 1$.

4. Funktionen zweier Winkel.

a) $\sin(\alpha \pm \beta) = \sin\alpha \cos\beta \pm \cos\alpha \sin\beta$;

$\cos(\alpha \pm \beta) = \cos\alpha \cos\beta \mp \sin\alpha \sin\beta$;

$\operatorname{tg}(\alpha \pm \beta) = \dfrac{\operatorname{tg}\alpha \pm \operatorname{tg}\beta}{1 \mp \operatorname{tg}\alpha \operatorname{tg}\beta}$.

b) $\sin u + \sin v = 2 \sin\dfrac{u+v}{2} \cos\dfrac{u-v}{2}$;

$\sin u - \sin v = 2 \cos\dfrac{u+v}{2} \sin\dfrac{u-v}{2}$;

$\cos u + \cos v = 2 \cos\dfrac{u+v}{2} \cos\dfrac{u-v}{2}$;

$\cos u - \cos v = -2 \sin\dfrac{u+v}{2} \sin\dfrac{u-v}{2}$.

c) $\sin\varphi = 2 \sin\dfrac{\varphi}{2} \cos\dfrac{\varphi}{2}$;

$\cos\varphi = \cos^2\dfrac{\varphi}{2} - \sin^2\dfrac{\varphi}{2}$,

„ $= 2\cos^2\dfrac{\varphi}{2} - 1$,

„ $= 1 - 2\sin^2\dfrac{\varphi}{2}$.

Aus dem ersten Vorwort.

Trotz der vorhandenen vierstelligen Logarithmentafeln erscheint hier eine neue. Sie wünscht durch ein für die Schulen passendes Format und durch billigen Preis die Vorzüge der vorhandenen Tafeln in sich zu vereinigen, zugleich aber will sie das so sehr aufhaltende Einschalten (Interpolieren) ganz unnötig machen oder auf das allergeringste Maß herabdrücken, um so die rasch fördernde Benutzung der Tafel als eines Rechenknechtes zu ermöglichen. **Nicht möglichst geringer Umfang, sondern möglichst bequeme und praktische Verwendung der Tafel war das Hauptziel bei deren Bearbeitung.**

Inhalt.

	Seite
Angaben für den Ort	1
I. Logarithmen der Zahlen 1 bis 999	1
II. Wahre Werte der goniometrischen Funktionen	20
III. Logarithmen von Sinus und Tangens der Winkel von 0 bis 1°	22
IV. Logarithmen der goniometrischen Funktionen	24
Hilfstafeln:	
V. Bogenlänge	69
VI. Sterblichkeitstafel	70
VII. Quadrat- und Kubikzahlen, Quadrat- und Kubikwurzeln	72
VIII. Potenztafel	73
IX. Binomialkoeffizienten und Fakultäten	73
X. Zinsfaktoren und deren Potenzen	74
XI. Astronomische Angaben	76
XII. Geographische Angaben	77
XIII. Von π abhängige Werte	78
XIV. Spezifische Gewichte	78
XV. Geschwindigkeiten	78
XVI. Größe des dem Halbmesser gleichen Bogens	78
Formeln aus der Arithmetik	79
„ „ „ Goniometrie	80

MIX
Papier aus verantwortungsvollen Quellen
Paper from responsible sources
FSC® C105338

If you have any concerns about our products,
you can contact us on
ProductSafety@springernature.com

In case Publisher is established outside the EU,
the EU authorized representative is:
**Springer Nature Customer Service Center GmbH
Europaplatz 3, 69115 Heidelberg, Germany**

Printed by Libri Plureos GmbH
in Hamburg, Germany